U0190019

数学人的逻辑

彭翕成 著

中国科学技术大学出版社

内 容 简 介

本书是“用数学的眼光观察世界，用数学的思维分析世界，用数学的语言表达世界”的产物。全书分为文学中的数学、生活中的数学、网络中的数学、数学杂谈四部分。内容涉及领域广泛，谈古论今，有古代故事，也有当今趣闻，还有网络新潮。这些案例都被作者信手拈来，从数学角度进行分析解读，让大家感受到逻辑学的美妙，学会如何清晰思考，运用逻辑思维具体地处理实际问题。

本书可供中小学师生、数学爱好者及数学教育研究者阅读。

图书在版编目(CIP)数据

数学人的逻辑/彭翕成著. —合肥：中国科学技术大学出版社，2021.2(2023.4 重印)

ISBN 978-7-312-05128-9

Ⅰ.数… Ⅱ.彭… Ⅲ.数学—普及读物 Ⅳ.O1-49

中国版本图书馆 CIP 数据核字(2021)第 005162 号

数学人的逻辑

SHUXUE REN DE LUOJI

出版 中国科学技术大学出版社

安徽省合肥市金寨路 96 号，230026

http://press.ustc.edu.cn

https://zgkxjsdxcbs.tmall.com

印刷 安徽国文彩印有限公司

发行 中国科学技术大学出版社

开本 880 mm×1230 mm 1/32

印张 6.625

字数 166 千

版次 2021 年 2 月第 1 版

印次 2023 年 4 月第 2 次印刷

定价 29.80 元

自　序

一个人对事物的看法是否与他所学的专业相关?

我认为是的,只是程度不一。

气象学家竺可桢院士用科学家的眼光读诗,得出了一些新看法。譬如白居易的“离离原上草,一岁一枯荣。野火烧不尽,春风吹又生”。诗歌界的普遍看法是,诗人通过对古原上野草的描绘,抒发送别友人时的依依惜别之情。而竺可桢却认为,此诗“指出了物候学上两个重要规律:第一是草的荣枯有一年一度的循环;第二是这循环是随气候转移的,春风一到,草就苏醒了”。

化学家傅鹰院士这样讲述什么是化学:“一家大百货商店的橱窗里陈列着一件很漂亮的旗袍,过往的人们全要看它一眼。同是一件旗袍,对于观众所引起的感想却不一样。经济学家会想到这件衣服的价值和利润;历史学家会联想服装变迁的沿革。化学家所注意的却是这件衣服的材料——丝、棉、人造丝,所用的是哪一种染料,会不会脱色等。从这个例子就可以看出化学家有一点与众不同,他所注意的全是一些与物质有关系的问题。……化学是一种研究物质的科学。”

数学家张景中院士这样描述数学家的眼光:“数学家看问题,关心的是数量关系和空间形式,用的是抽象的眼光。有些我们觉得不同的东西,在数学家看来却是相同的。3只小鸡、3只熊猫、3条恐龙,它们之间的差别可以使生物学家激动不已,但是对于数学家来说,无非都是干巴巴的数字3而已。月饼、烧饼、铁饼,到了数学家那里，无非都是圆。”

以上三位科学家的事例说明：一个人如果钻研专业到一定程度，又善于思考，会把万事万物与自己所学专业联系起来。

但让人伤感的是，能学以致用的人实在太少了。不少高中毕业生，学习数学12年，认为除了加减乘除有点用，其余像三角函数、圆锥曲线有啥用呢？甚至数学专业毕业的大学生，学习了更长时间的数学，经过了更专门的训练，持有“数学无用论”观点的仍然比比皆是。

对于大多数普通人来说，由于对所学专业掌握不到位，难有深层次的应用，这是正常的。但学了那么多年，肤浅到只能进行四则运算级别的简单应用实在说不过去。

专业知识是基础，善于思考是关键。

例如在考卷上出判断题：三角形的三边越长，则三角形的面积越大。相信能做对的人很多。而如一篇文章里这样写：有人把读书、积累、写作比作三角形的三条边，三条边越长，三角形的面积就越大。能看出问题的人就会少得多，因为相当多的人在学习、工作时保持专业态度，而在其他时候就将专业抛之脑后。

这说明具有专业知识是必要条件，而不是充分条件，还要善于思考，广泛联系，具有批判意识。

本书就是“用数学的眼光观察世界，用数学的思维分析世界，用数学的语言表达世界”的产物。作为一名数学爱好者，笔者对数学应用的深度还不够，但正因为浅显，属于“下里巴人”一类的通俗读物是能被大家理解、接受并分享的。

本书的另一特点是内容涉及面广。书里谈古论今，有古代故事，也有当今趣闻，还有网络新潮，这些案例都被拿来从数学角度进行分析解读。对于网络上一些流传的谬误，书中批判起来毫不留情，一针见血。

为什么有的水池一边进水一边出水？

安徽桐城的六尺巷与负数有什么联系？

两对父子三个人的问题有几组解？

小贩为什么要准备零钱？

没有诺贝尔数学奖的真相是什么？

网络上流传的那些励志公式有什么矛盾？

如何将数学与文学结合起来？

……

类似的有趣问题很多，本书都尝试解答。

本书的关键词除了数学还有逻辑。逻辑学是个宽广、深奥的领域。这里对逻辑的定义很简单，就是清晰高效的思考。逻辑是一门科学，也是一门艺术。逻辑是一门学科，只是大多数人没有专门学过这门学科。而事实上，我们在学习数学、语言学、计算机等学科的同时已经接触到了。

逻辑是我们每一个人学习、工作、生活所必备的能力之一。要想提高思考力，理清思路，作出理性判断，逻辑很关键。本书没有单纯地介绍逻辑学的基本原理，而是通过具体的案例让大家感受到逻辑学的美妙，学会如何清晰思考，运用逻辑思维具体地处理实际问题。

本书共有四个部分。

第一部分是文学中的数学。数学是用科学的语言客观描述客观的事物，而文学的主观性强，那么它们是不是互不相容呢？实际上，自古以来文学与数学就有着密切的关系。

第二部分是生活中的数学。很多人认为数学很重要，但同样有很多人害怕数学，甚至质疑数学在生活中的用处。事实上，这是因为大家将具体的数学知识和更抽象的数学思维混淆了。数学知识平时可能用得少，但数学思维时时影响着我们。

第三部分是网络中的数学。网络进入我们的生活之后，我们获得信息的渠道更多了。在信息碎片化时代，我们该如何辨识哪些信息、观点是谣传，哪些是可信的呢？

第四部分是数学杂谈。中学生学习数学，分数很重要，市面上各种应试宝典已经足够多了，我想谈点与考试不太相关的有趣故事。

本书与《师从张景中》的书名都是由我的父亲彭美智先生题写。作为民间书法家，他这一辈子不知写了多少家先、对联、碑文、牌匾。现在他的书法能与儿子的书一并出版传播，我想他一定很开心。

十多年来我几乎每天都在写作，即便结了婚，有了小孩。每个周末，我靠在床上写作，东来宝宝叫我陪他玩，我总推托说自己很忙。他有时会掀我的被子，有时则会把我的鞋子递到我手里。我自认为写作态度是认真的，对得起读者，却有点对不起家人，错过了宝宝成长的很多瞬间。在我校稿的这几天，东来问："爸爸，你每天看你自己写的书，一定很骄傲吧？"这真是灵魂拷问。

本书引用、探讨了大量案例，很多观点都是作者的一家之言，仅供参考。

最后，感谢李有贵和杨春波两位老师的认真校对。

2020 年 11 月

目　　录

1
文学中的数学

自称文学爱好者的人很多，而以“没天赋”“不喜欢”为由放弃数学的人也不少，甚至一些名人谈起读书时数学很差也毫不在意。

数学和文学就如此不相容吗？

数学家刻苦钻研的例子，大家已经看得太多。下面不妨看看著名学者梁实秋谈学数学的体会：

我不喜欢的课是数学。在小学时“鸡兔同笼”就已经把我搅昏了头，到清华习代数、几何、三角，更格格不入，从心里厌烦，开始时不用功，以后就很难跟上去，因此视数学课为畏途。我的一位同学孙筱孟比我更怕数学，每回遇到数学月考大考，他一看到题目就好像是“贾宝玉神游太虚幻境”一般，匆匆忙忙回寝室换裤子，历次不爽。我那时有一种奇异的想法，我将来不预备习理工，要这劳什子作什么？以“兴趣不合”四个字掩饰自己的懒惰愚蠢。数学是人人要学的，人人可以学的，那是一种纪律，无所谓兴趣之合与不合，后来我和赵敏恒两个人同在美国一个大学读书，清华的分数单上数学一项都是勉强及格六十分，需要补修三角与立体几何，我们一方面懊恼，一方面引为耻辱，于是我们两个拼命用功，结果我们两个在全班上占第一、第二的位置，大考特准免予参加，以“甲上”成绩论。这证明什么？这证明没有人的兴趣是不近数学的，只要按部就班地用功，再加上良师诱导，就会发觉里面的趣味，万万不可任性，在学校里读书时万万不可相信什么“趣味主义”。

1.1 数学与文学

龟兔赛跑的故事是大家很熟悉的。兔子本来跑在前面，但由于骄傲，路上睡了一觉，结果输给了乌龟。

在文学作品中，当然要大力渲染兔子的骄傲自满和乌龟的坚持不懈。而从数学角度来看，则可抽象为下面的行程图。

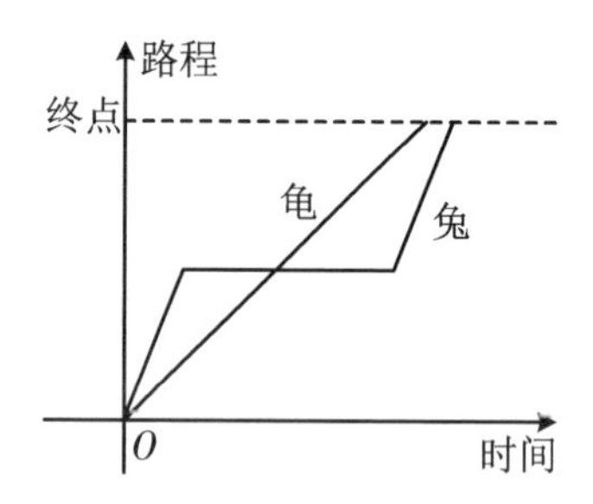

文字转换成图像，显得更加简洁直观，但从具体到抽象，难免会丢失一些信息。仅从行程图来看，我们可以编出另一个故事。

兔子原本跑在前面，在路上捡到一个钱包，坐等失主，结果眼睁睁地看着乌龟跑到前面去了。尽管内心挣扎，兔子还是坚持等失主，虽然输了比赛，但一点都不后悔。

从正版的龟兔赛跑故事中，有人总结出：前进速度虽然慢，但只要坚持不懈，就可以超越那些走走停停、没有毅力的对手。此外，像水滴石穿、愚公移山这些故事也充分表达了努力坚持的重要性。

从数学角度来看，这些故事都可以用阿基米德原理来表述：对于任意正实数 a、b，必有自然数 n，使得 $na>b$。

这也给我们启示：做事情不能看表面。有些人表面上看起来在坚持，但内心早放弃了，只是在敷衍，付出一次比一次少，最后所得也只会极其有限。在无穷级数中，这样的例子实在太多了。

由此，我们得出结论：数学突出本质，文学注重情节。

设想一个情境：一天夜里，一位老人走进一家旅馆，他想住店。前台服务员心想：旅馆已经客满了，怎么办呢？

如果服务员学过数学，碰巧还懂点集合论，他可能会想：要是有无穷多个房间该多好啊。我们可以让第一号房间的客人搬到第二号房间去，第二号房间的客人搬到第三号房间去……这样一来，老人不就可以住到第一号房间了吗？可是，现实中哪有无穷多个房间呢？全世界的房间加起来也是有限的啊。于是他只能对老人说：非常抱歉。

如果服务员是个文学爱好者，成天充满幻想，他可能会想：这么晚了还来住店，不会是总部的老板来视察吧。千万不可错失良机啊！于是他把老人领进自己的房间休息了一晚。这位老人到底是不是真的大有来头呢？在文学作品中，那是肯定的。

数学家想帮忙，但他更注重逻辑，确实没客房了啊！他不会拐个弯想想，让客人住自己的房间。而文学家则常常异想天开，为了情节的需要，没有客房可以虚构一间服务员的房间，反正和提供的情境也不冲突。

是的，不冲突。冲突的话，不就穿帮了吗？数学体系要建立在一系列的公理之上，文学故事也是如此。

大多数人对公理的理解是：经过长期实践，大家公认无须证明的基本事实。可仔细想来，这种说法存在漏洞。多久才算“长期”，多少人承认才算“公认”，这都没有明确的规定。文学故事中的公理更是如此。

以大家比较熟悉的武侠作品为例，其中就有很多经典的定律，如主人公不死定律。万一要死，也是大结局时才死，如《天龙八部》中的萧峰；而像《倚天屠龙记》中的张翠山，开篇看起来英雄无比，但英年早逝，注定不是男主角。

由主人公不死定律可推导出很多性质，譬如：

性质1：主人公一般不会中箭，哪怕是万箭齐发；若中箭，那必定是一旁有大恶人挟其亲人导致分心。

性质2：主人公一般要象征性地过几招才出绝招，并且大叫“去死吧”。而在出绝招的时候，总要完成一些花哨的动作，通常时间还不短，但敌人绝不会乘机偷袭，尽管这是个好机会……

性质3：主人公被逼掉下山崖，这绝对是命运的转变。通常都会遇到传说中的前辈教他失传已久的绝技，或者得到增长功力的仙草妙药。当然也有其他变化，譬如被女主人公搭救。

很明显，主人公不死定律和概率原理是冲突的，但很符合文学中的极端化思想。与主人公不死定律相对的是反派衰运定律，即不管反派主角如何聪明绝顶，都会失败。这两大定律好比是数学中的对偶性质。失败的原因多种多样，要么是被人从窗下或屋顶无技术偷听，要么是被自己属下临时出卖，要么就是在宝藏山洞被压死……

文学写作有很多套路，就好比数学中有很多公式一样。下面这个写作套路可谓历经千年而不衰。

一个落难才子无钱进京赶考，发愁之际碰巧被一千金小姐看见，于是得到了资助。才子进京后，小姐被逼嫁人，但誓死不从。最后才子高中状元而归，迎娶小姐。

这样的情节够老套了吧，但直到现在还有很多作家在用。

譬如：可将主人公落难替换为被坏人欺骗，一无所有；或者遭遇车祸，人生迷茫。千金小姐可替换为同事、朋友，还可以是护士，甚至是街头偶遇的陌生人。小姐被逼嫁人可替换为另外有人追求小姐。才子高中状元可替换成生意发达，功成名就。

应用数学中的替换思想，然后加以排列组合，我们可以编出一系列的故事。譬如：一位青年画家的画总是卖不出去，生活非常艰苦。一位小姐欣赏其才华，常常买他的画来帮助他，并希望资助他开画展，成就其事业。可钱从何来？小姐的一位同学愿意借。青年画家最后名声大噪了，可接下来的情节峰回路转，原来借钱的同学很喜欢那位小姐，卖了母亲的遗物才凑够那笔钱。最终结果如何呢？够编剧发挥的了。

数学与文学，还有很多相通之处，后文还会谈到。写作本书是希望给大家提供一个新的视角。如果大家对数学与文学的关系有兴趣，建议阅读数学大师丘成桐先生的演讲稿《数学和中国文学的比较》。丘先生数学成就之大，古文功底之深，让人心生高山仰止之情。

1.2 从“损有余而补不足”到“均值回归”

下面这句话出自老子的《道德经》：

天之道，损有余而补不足；人之道，损不足而补有余。

我的理解是：自然界的法则是减损多余、补充不足，即平均化；社会法则则相反，多的让其更多，少的让其更少，导致差距增大。譬如：自然界削平高山，填平低谷，促成均衡；而社会则是强者愈强，弱者愈弱，形成马太效应。

很多人知道“天之道，损有余而补不足”，是因为金庸将之写进了《九阴真经》。

马太效应(Matthew effect)是指社会中尤其是经济领域内广泛存在的一个现象：强者恒强，弱者恒弱，或者说赢家通吃。也就是俗语所说的“本大利大，本小利小”。

假如甲、乙两人分别有一根铁丝，甲的铁丝能围成一个半径为1米的小圆圈，乙的铁丝能围成一个半径为10米的大圆圈。现在两人都想把自己围成的圆圈面积扩大，当然要增加铁丝的长度，如果两人都把自己的铁丝长度增加1米，你认为哪个人的圆圈面积增加得更多一些？

计算表明，乙增加的面积比甲增加的面积更多。这意味着甲、乙两人投入相同，回报却相差较多。可以想象，中小企业的发展、中低收入者生活水平的提高何等不易！

老子是二分法的高手，一分为二地看待世间万物，所著《道德经》处处闪烁着辩证法的光芒。宋代理学家朱熹更是将二分法推至极致，他认为一切事物都是由对立物组成的，进而提出对立的双方是由“一”化分出来的，太极生两仪，两仪生四象，四象生八卦，“一分为二，节节如此，以至于无穷，皆是一生两尔”。

在数学中提到二分法，最先让人想到的可能是二分法求根。先判定其有解，然后每次取半，逐步逼近，终得正果。二叉树充分体现了二分法的思想，从一条线段的一个端点作两条线段，新作线段的长度和原来的线段成比例，并且和原来的线段成一定角度。继续在两条新作的线段的另两个端点处分别作两条线段。如此继续，使线段的数目成倍增加，不久即成树形。

上与下相对。如果是从上往下一分为二呢？请看英国科学家高尔顿设计的经典概率实验。从上端放入一个小球，任其自由落下。在下落过程中当小球碰到钉子时，从左边落下与从右边落下的机会相等，碰到下一排钉子时又是如此，最后落入底板中的某一格子。问题求解与杨辉三角有关，而杨辉三角与二分法也有莫大的关系。

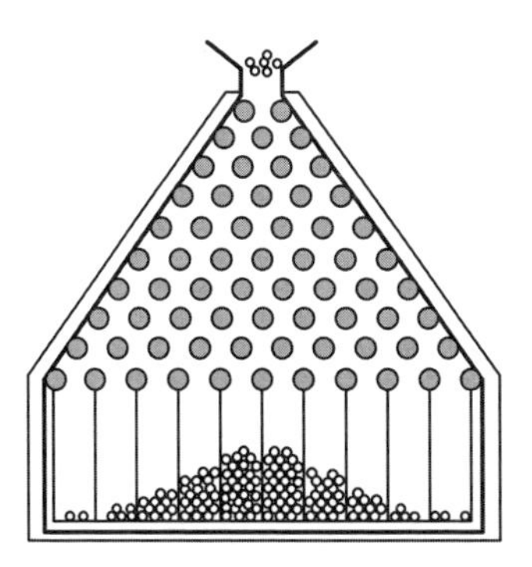

高尔顿研究范围很广，涉及人类学、地理学、数学、力学、气象学、心理学、统计学等，称之为百科全书式的人物一点都不过分。顺便说一句，他是达尔文(《物种起源》的作者)的表弟，深受其进化论思想的影响，并把该思想引入人类研究中。

高尔顿很喜欢调查统计，并分析原因，从中找出规律。譬如：

调查了30家有艺术能力的家庭，发现子女也有艺术能力的占64%；又调查了150家无艺术能力的家庭，其子女中只有21%有艺术能力。因此断言艺术能力这种“特殊能力”是可以遗传的。当然，高尔顿还有其他很多类似的统计，并不止这一个。在这些统计结果的基础上，高尔顿从遗传的角度研究个别差异形成的原因，开创了优生学。

父母个子高的，子女个子一般也高；父母个子不高的，子女个子一般也不高。这是我们普遍认可的一种看法。若仅停留于此，也不足为奇。

高尔顿收集分析了400名家长和900多名他们的成年子女的身高，发表论文《遗传中身高的均值回归》，得出了结论：当父母的身高大于平均水平时，他们的子女往往会比他们矮；当父母的身高小于平均水平时，他们的子女往往会比他们高。这项研究表明，上一代人身高差异较大，遗传之后身高差异将变小，也就是经过时间的推移事物将变得更平均、更稳定。因此高尔顿提出了“均值回归”这个概念。回归分析就是这么来的。

从老子的“损有余而补不足”到高尔顿的“均值回归”，思想上有相通之处。相对于老子的宏观叙述，高尔顿充分利用数据分析的方法，使得结论更加有理有据。

一日，我在《笑傲江湖》中读到岳不群说的一段话：

三十多年前，咱们气宗是少数，剑宗中的师伯、师叔占了大多数。再者，剑宗功夫易于速成，见效极快。大家都练十年，定是剑宗占上风；各练二十年，那是各擅胜场，难分上下；要到二十年之后，练气宗功夫的才越来越强；到得三十年时，练剑宗功夫的便再也不能望气宗之项背了。然而要到二十余年之后，才真正分出高下，这二十余年中双方争斗之烈，可想而知。

我由此联想到龟兔赛跑和高尔顿的身高均值回归，于是画了下面这幅图。由于"剑宗功夫易于速成,见效极快",该直线与纵轴交点的纵坐标较大,而气宗则基本从零起步;随着时间的推移,剑宗、气宗的武功修为差距在缩小,到20年的时候,水平相当,难分上下;再过20年,气宗把剑宗远远抛在后面。两相比较,气宗起点低,加速度大(斜率大),后来居上。

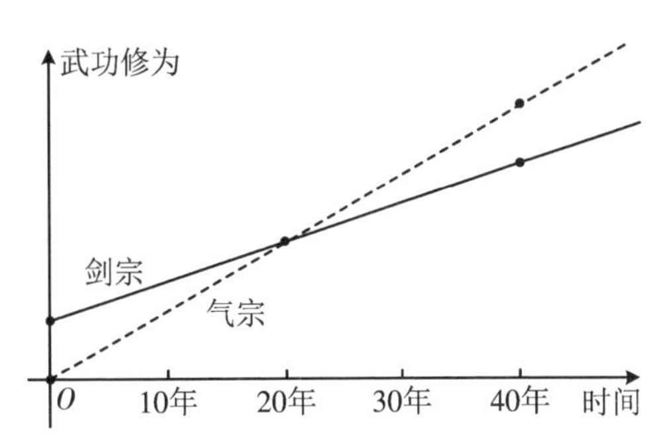

1.3 关于"一半"的趣味数学故事

有这样一个流传很广的问题:

一艘船上有75头牛、32只羊,那么船长几岁?

很多人利用75和32这两个数,拼凑出各种各样稀奇古怪的结果。也有人指出:船长的年龄和这两个已知数毫无关系。

其实,怎么会毫无关系呢?① 从这两个数可以看出这个船很大,是一艘能容纳上百头牲畜的大船,所以船长应该具备丰富的航海经验以及充沛的精力,因此年龄既不会太大也不会太小,可能在四十五岁左右。

---

① 这是玩笑话,读者莫当真。

我曾经试图查找这个问题的来源。后来在一家外国网站上看到一则笑话《半疯》,一定程度上回答了上面的问题。

故事一:半疯

老师:“茶叶40分一磅,大比目鱼29分一磅,最坏的比萨饼出自意大利那不勒斯,冰激凌源自法国。我多大年纪了?”

学生:“50岁”。

老师:“你一定是猜的。你肯定没按逻辑推理,是吗?”

学生:“我推理了。您看,我有个叔叔25岁,他才疯了一半。”

故事二:买苹果

顾客:“苹果怎么卖?”

卖家:“5块钱2个。”

顾客:“一个多少钱?”

卖家:“3块。”

顾客:“我要另一个。”

故事三:一半和十六分之八

老师:“一半和十六分之八有何区别?”

学生没有回答。

老师:“想一想,如果要你选择半个橙子和八块十六分之一的橙子,你要哪一样?”

学生:“我一定要半个。”

老师:“为什么?”

学生:“橙子在分成十六份时已流去很多橙汁了,老师你说是不是?”

故事四:回生之术

《吕氏春秋》中有这样一则故事:

鲁人有公孙绰者,告人曰:“我能起死人。”人问其故。对曰:“我固能治偏枯,今吾倍所以为偏枯之药,则可以起死人矣。”

译文:

鲁国有个叫公孙绰的人,他对别人说:“我能够使死人复活。”人们问他有什么办法。他回答说:“我平时能治偏瘫。现在我把治偏瘫的药加大一倍的量,就可以使死人复生了。”

这个医生把偏瘫的人看成是半死之人,把死人当成是全死之人,他坚信$\frac{1}{2}\times 2=1$,所以夸下海口。他将半死和全死简单类比,甚至用简单的乘法运算来定量计算,只看到量的变化,看不到质的差别,以致闹了笑话。

1.4 负数运算与六尺巷

清康熙年间,张英的老家人与邻居吴家在宅界的问题上发生了争执,因两家宅地都是祖上基业,时间又久远,对于宅界谁也不肯相让。双方将官司打到县衙,因双方都是名门望族,且家人官位显赫,县官也不敢轻易了断。于是张家人千里传书到京城求救。

张英收书后批诗一首云:“一纸书来只为墙,让他三尺又何妨。长城万里今犹在,不见当年秦始皇。”

张家人豁然开朗,退让了三尺。吴家见状深受感动,也让出三尺,形成了一个六尺宽的巷子。

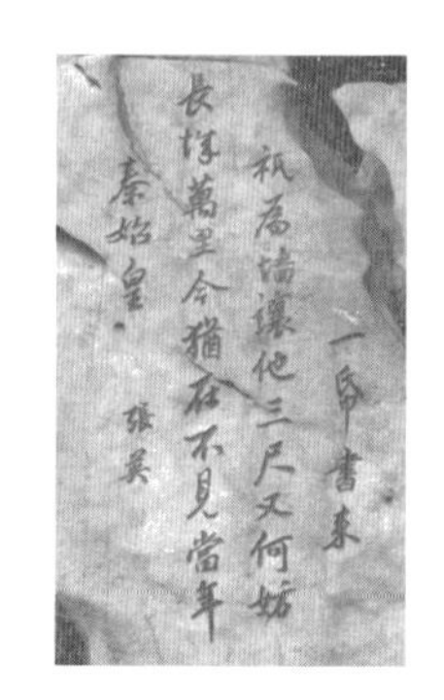

此事传为佳话，至今不绝，告诉我们做人做事要忍让包容。

张英官至文华殿大学士兼礼部尚书，级别非常高，相当于现在中央党校校长级别。我们熟知的人物譬如和珅、李鸿章都曾任文华殿大学士。张英的儿子张廷玉更加著名，他是康、雍、乾三朝重臣，是整个清朝唯一配享太庙的汉臣。

6 是怎么来的？$3+3=3-(-3)=6$，两者结果相等，但几何意义不同。

用数学语言来描述则是：A 和 B 原来挨在一起，A 往一方向走了3(尺)，记为 $+3$，B 往相反方向走了 3(尺)，记为 -3，此时 A 和 B 相隔多远？答案是 $+3-(-3)=6$(尺)。

1.5　逻辑分歧丢状元——存在与任意

我们常常需要对一些问题作出判断，譬如：

(1) 存在实数 x，使得 $x=0$。

(2) 对于任意实数 x，有 $x+(-x)=0$。

前者是指某集合中存在一个元素满足某性质，而后者则是指某集合中所有元素都满足某性质。高中会接触一些皮毛，到了大学还会进一步学习。

学习微积分会遇到∃和∀两个符号。

“存在”的英文单词为 Exist，把首字母 E 反过来，变成∃，表示存在。

“任意”的英文单词为 Arbitrary，把首字母 A 倒过来，变成∀，表示任意。

前者是存在量词，后者是全称量词。不单数学中要用到，实际生活中也常用到。下面要讲的故事来自冯梦龙的《喻世明言》。这只是故事，不可当真。

有一次科举考试阅卷，宋仁宗发现有个叫赵旭的人，文章不错，很喜欢，想点为状元。于是召见了他，其中提到赵旭的文章有一个错别字，唯字应该是口字旁，但赵旭写成了厶字旁。赵旭答：“此字皆可通用。”宋仁宗很不高兴，写了“單單”“去吉”“矣吴”“台吕”几个字给他。赵旭无言以对，白白丢了状元。

后面的故事还很长，赵旭丢了状元之后，没脸回家，过了几年穷困潦倒的日子。而宋仁宗梦见红日（解为旭字），于是出宫寻访梦中之人。宋仁宗重遇赵旭之后，觉得此人还是很优秀，就让他当了官。

这个故事的关键是如何理解“此字皆可通用”。

文言简短，可理解成多种含义。

含义 1：存在一些字，口字旁可以写成厶字旁。“此字”指的是“唯”。

含义 2：所有的字，凡是“口”都可以用“厶”代替。“此字”指的是“口”。

宋仁宗的理解显然是后者。而赵旭的理解可能也是后者，所以在看到宋仁宗的反例之后，才会无言以对。

在古代，唯字的口字旁确实可以写成厶字旁。如怀仁和尚集王羲之字，以及柳公权楷书中都有这样的写法。

1.6 相同与不同

张景中先生在《数学家的眼光》中写有一节“相同与不同”，开篇就说：

两样东西，相同还是不同，张三和李四可能有不同的见解。

一本小说和一本数学手册，对读者来说是很不一样的。到了废纸收购站，如果都是半斤，都是一样的纸，都是 32 开本，就没有什么不同了。

即使是同一个人吧，他看小说的时候，内容的不同对他是很重要的。看得瞌睡了，把书当枕头，内容不同的书所起的作用也就大致一样了。

数学家看问题，关心的是数量关系和空间形式，用的是抽象的眼光。有些我们觉得不同的东西，数学家看来却是相同的。

3 只小鸡、3 只熊猫、3 条恐龙，它们之间的差别可以使生物学家激动不已。但是对于数学家来说，无非都是干巴巴的数字 3 而已。

月饼、烧饼、铁饼，到了数学家那里，无非都是圆。

《笑林广记》中有《书低》一则，如下：

一生赁僧房读书，每日游玩。午后归房，呼童取书来。
童持《文选》，视之，曰："低。"
持《汉书》，视之，曰："低。"
又持《史记》，视之，曰："低。"
僧大诧曰："此三书，熟其一，足称饱学，俱云低，何也？"
生曰："我要睡，取书作枕头耳。"

两文对照来读，别有滋味。

不知道张景中先生当年写作是否受到《书低》的影响。我猜是没有的。

这也给我们启发，多读多思，天下材料莫不为我所用。正如武功高强者，飞花摘叶皆可伤敌，草木竹石皆可为剑。

一天，爱因斯坦在冰上滑了一下，摔倒在地。

他身边的人忙扶起他，说："爱因斯坦先生，根据相对论的原理，你并没摔倒，对吗？只是地球在那时忽然倾斜了一下？"

爱因斯坦说："先生，我同意你的说法，可这两种理论对我来说，感觉都是相同的。"

1.7 从反义词看语文与数学的差异

有一则笑话：

老师：好的反义词是什么？
学生：不好。
老师：坏的反义词是什么？

学生：不坏。

老师：不对！

学生：对。

小学学语文，有填写近义词、反义词这类题目。有些同学就在原来词语的前面加一个“不”。从数学角度而言，前面增加“不”，相当于增加一个负号，使得原有量变成相反意义的量。而从语文角度而言，字数不等，不符合要求，譬如“老”可和“少”或“幼”相对，却不能和“年轻”相对。

语文老师认为，加“不”属于耍小聪明，而在数学老师看来，加“不”则属于大智慧，这是种万能通法，一举解决反义词问题，无须像语文那样一个个去记。这一案例体现了语文、数学两学科之间的差异，在语文中行不通的在数学中也许可以。

在反义词这个问题上，语文不但显得麻烦，而且还不如数学规范。

譬如：“好热闹”等于“好不热闹”，都是指很热闹；“好容易”与“好不容易”都是指很不容易；“打赢对手”与“打败对手”都是指要赢对手；“出神”与“入神”都是指神情专注而发愣。

字面上看似相反，但表达的意思却一样。为什么会有这种现象？只能解释成语言的约定俗成。吕叔湘、朱德熙两位先生在《语法修辞讲话》一书中把它们称为“习惯语”，认为：有些话虽然用严格的逻辑眼光来分析有点说不过去，但是大家都这样说，都懂得它的意思，听的人和说的人中间毫无隔阂，毫无误会。站在语法的立场，就不能不承认它是正确的。

“好热闹”等于“好不热闹”，这在数学中可以认为是去掉负号不改变原意，容易让人联想到偶函数：$f(x)=f(-x)$。

1.8 自相矛盾的现实版本

一位语文老师在博客上写反思。他在教《自相矛盾》这则寓言时，有学生站起来反驳：有这么傻的人吗？太不可信了吧。面对这样大胆质疑的学生，这位老师不知如何回答为好。

古代有一个人，拿自制的矛和盾到集市上去卖。他先拿起矛吹嘘："我的矛最好了！什么盾都可以刺透！"然后，他又拿起盾说："我的盾最好了，什么矛也刺不破！"有人问他："用你的矛刺你的盾，如何？"卖矛和盾的人低下了头，答不上来。

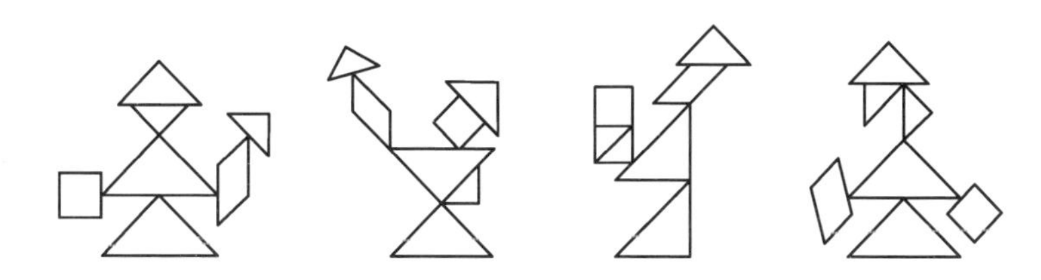

现在的学生比以前更敢想敢做了。如何化解这些"突发事件"，很值得研究。对于这个"自相矛盾"的问题，可这样处理。先来看看生活中的一段对话：

商家："先生，要手机吗？最新款的智能手机，才300块，绝对超值！"

顾客："看起来还不错。但不知道能用多久，会不会一下子就坏了呢？"

商家："那哪会呢！我在这卖手机已经三年了。出问题随时可以来退换。"

顾客："这么好啊，那下次来买。我现在赶时间。"

商家："何必下次呢？别走啊！下次你到哪找我？!"

寓言大多是为了表达某个观点而虚构的故事，譬如刻舟求剑、南辕北辙、掩耳盗铃等。但虚构的故事却反映了社会的现实。这个卖手机的人和那个卖矛、盾的人本质上有什么区别呢？没区别。自相矛盾的本质是：先给出命题 A，然后给出非 A，两者不相容，用数学公式表示为 $A\cap\overline{A}=\varnothing$。至于 A 是什么，不重要。

但问题是：同样的道理，不同的叙述形式，结果可能大不相同。学生能够接受这个卖手机的故事，却不能接受卖矛、盾的故事。所以积累好的案例很重要。

有一则广告词："今年过节不收礼，收礼只收脑白金。"这是全国人民都熟悉的例子。上一句"不收礼"与下一句"收礼"是典型的自相矛盾。

1.9 出淤泥而不染与近墨者黑

"出淤泥而不染"，语出周敦颐《爱莲说》。

"近朱者赤，近墨者黑"，语出傅玄《太子少傅箴》。

两者都强调周围环境和个人成长的关系.前者侧重于自身品格和修养的作用，后者偏向于环境对人的影响。人或多或少会受环境影响，但如果意志坚定，你就能够在周围环境的磨砺下走向更高的境界。

关于周围环境对人成长的影响，经典例子是孟母三迁。

孟子小时候，居住的地方离墓地很近，他就和人玩起办理丧事的游戏。孟母认为这地方不适合孩子居住，于是将家搬到集市旁，孟子就学起了做买卖和屠杀。孟母觉得这个地方还是不适合孩子居住，又将家搬到学校旁边，孟子开始变得守秩序、懂礼貌、喜欢读书。孟母认为这才是适合孩子居住的地方，于是定居。孟子长大成人后，学成六艺，成为大儒。

这也许就是古代的学区房吧。

孟子曾经这样论证“外语学习环境的重要性”。孟子说：

一位楚国大夫，希望儿子学说齐国话，是找齐国的人来教好，还是找楚国的人来教好？当然是找齐国人要好。如果一个齐国人来教他，却有许多楚国人在他周围讲楚国话来干扰他，即使你每天鞭打他，要求他说齐国话，那也是不可能的。反之，如果把他带到齐国去，在那里生活几年，那么，即使你每天鞭打他，要求他说楚国话，那也是不可能的了。

下面来论证，即使在“近朱者赤，近墨者黑”这一命题内部，也存在不可调和性。

朱与朱最近，因为就是其本身，可谓零距离，按“近朱者赤”推理，它应该是赤，这是可以理解的，就是本身的颜色。但朱与墨相遇，按“近墨者黑”推理，则要变成黑色。那么，此时朱到底是赤还是黑？

这容易让人联想到“自相矛盾”这个故事。卖家的矛可刺破所有的盾，他的盾可以挡住所有的矛，这都说得通。问题是他自己的矛与盾冲突时，就难以解释。

“近朱者赤”这一句说得通，“近墨者黑”这一句也说得通，但这两句放在一起就自相矛盾了。

如果单纯从调色的角度而言，经实践，红色和黑色混合得到黑色。

在课堂上，学生可能用下面这则笑话的形式反驳：

老师说：近朱者赤，近墨者黑，同学们交朋友要注意。

学生问：铁锅整天和红通通的火接近，为何它反倒满面漆黑呢？

1.10 从逻辑角度看文学中的小缺陷

过直线外一点作直线与已知直线平行，可以做几条？

是 0 条、1 条还是很多？

你可以自己选择，并将之作为假设。

数学就是这样的一门学科，选择一些性质，选择相信它们，并以此作为基础进行推演，最终搭建一座大厦。

你选择相信，也许就是一种感觉，说不出什么理由也行。但是一旦选择了，请不要后悔，以后也要遵行。

武侠小说里也常常要做一些假设，这些假设也许和现实世界是矛盾的。

譬如主人公吃了灵草，可以百毒不侵。这在现实世界里，当然是不可能的，毕竟人是肉体凡胎。但在小说里，只要作者做了这一假定，读者就只能接受，否则就看不下去。同时作者本人也得遵照这一假定，不能在后续的故事中让主人公中毒。

有时作者考虑不周，就会自相矛盾。《神雕侠侣》中，蒙古大军围攻襄阳，郭靖使用了上天梯的轻功，书里这样描述：

危急之中不及细想，左足在城墙上一点，身子斗然拔高丈余，右足跟着在城墙上一点，再升高了丈余。这路“上天梯”的高深武功当世会者极少，即令有人练就，每一步也只上升得二三尺而已，他这般在光溜溜的城墙上踏步而上，一步便跃上丈许，武功之高，的确是惊世骇俗。霎时之间，城上城下寂静无声，数万道目光尽皆注视在他身上。

这段话里就有矛盾。作者先是假定当世练就的人，每一步最多只能上升二三尺，但马上又违约了，郭靖可以一步上升一丈，也就是十尺。难道郭靖就不是当世的人吗？

写小说其实可以写得含糊一些，这样便于自圆其说。譬如：

过去从来没人同时练成少林七十二项绝技。

不可能有人能同时练成少林七十二项绝技。

最好采用前者，以便为后来者破纪录留下可能性。

写小说是构造一个世界，这个世界可以是与现实世界不符的虚拟世界，根据剧情需要做出种种假设，如何荒唐的假设都行，关键是要能自圆其说，也就是数学公理体系中的相容性。

《西游记》中，唐僧自身不能腾云驾雾，作者这样假定是为了给后面八十一难作铺垫，否则直接飞过去飞回来，经取到了，故事也讲完了。

那么唐僧能不能由有法力的人来背着飞呢？

如果简单地说能，又回到上面所说，有人带着飞，一下就完事了。

如果说"不能"，后面一些章节就会有问题，因为常常需要妖怪一阵风就把唐僧带走了的情节。

这是一个两难的问题。

甚至还有人会提出，让唐僧休息一下，孙悟空不是一个筋斗就能翻越十万八千里嘛，分分钟就取经回来了。

那么作者是如何处理这个问题的呢？书中写道：

行者道："你那里晓得，老孙的筋斗云，一纵有十万八千里。像这五七千路，只消把头点上两点，把腰躬上一躬，就是个往回，有何难哉！"

八戒道："哥啊，既是这般容易，你把师父背着，只消点点头，躬躬腰，跳过去罢了，何必苦苦的与他厮战？"

行者道："你不会驾云？你把师父驮过去不是？"

八戒道："师父的骨肉凡胎，重似泰山，我这驾云的，怎称得起？须是你的筋斗方可。”

行者道：“我的筋斗，好道也是驾云，只是去的有远近些儿。你是驮不动，我却如何驮得动？自古道，遣泰山轻如芥子，携凡夫难脱红尘。像这泼魔毒怪，使摄法，弄风头，却是扯扯拉拉，就地而行，不能带得空中而去。像那样法儿，老孙也会使会弄。还有那隐身法、缩地法，老孙件件皆知。但只是师父要穷历异邦，不能够超脱苦海，所以寸步难行也。我和你只做得个拥护，保得他身在命在，替不得这些苦恼，也取不得经来，就是有能先去见了佛，那佛也不肯把经善与你我。正叫做，若将容易得，便作等闲看。”

那呆子闻言，喏喏听受。

“携凡夫难脱红尘”这句话不是重点，重点是孙悟空这些弟子只能保护唐僧安全，但不能帮唐僧减少磨难，否则佛祖就不会赠予经书。这其实也是作者的一种假定，基于这种假定，前文所述的那些疑惑就可以一扫而空了。

写长篇小说，挖坑容易，填坑难！

有一浙江人夸口，自称文章天下第一，有诗为证：

天下文章数浙江，浙江文章数钱塘；钱塘唯有家兄好，我替家兄改文章。

先不管事实是否如此。单从逻辑上来说，“唯”排除其他，与后面“我替家兄改文章”有冲突。

此故事还有一个版本：

天下文章数三江，三江文章数吾乡，吾乡文章数吾弟，吾为吾弟改文章。

这一版本感觉稍好一点。在“我”家乡，普遍认为“我”弟弟文章写得最好，岂不知“我”弟弟的文章是“我”修改的。

在一本心灵鸡汤式的读物上，有这样一则故事：

某地发生了一场瘟疫，夺去了很多人的性命，这下可把死神给累坏了，于是他待在路边休息。这时候，一个年轻的小伙子走过来安慰他，死神见年轻人善良老实，就将他收为徒弟，死神把一种能够起死回生的点穴手法教给了年轻小伙子，只要在病人身上的相关穴道点几下，那么这个人的病就会治好。不过同时，死神嘱咐小伙子说："你可以用这个手艺去行医，但是你要记住，在治疗垂死的病人时，如果你见我站在病人的脚边，你可以治好他的病，但如果你见我站在病人的头的那一边，说明他气数已尽，你就不用治了。如果违背了这一原则，你将会受到死亡的惩罚。"年轻人遵照死神的嘱托，为很多人免去了病痛之苦，成了一名远近闻名的名医。

一次，王宫里的公主生病了，太医们束手无策，国王便颁布了一条命令：谁能把公主的病治好，就把公主许配给他为妻。年轻人听到了这个消息，就自告奋勇来到皇宫，请求国王让他为公主治病。国王同意后，年轻人就走进了公主的房间，他见公主貌美如花，一时间便喜欢上了公主，可偏偏公主的头旁站着死神。年轻人实在喜欢公主，一心想把公主救活，但是他想到那条"戒律"，便又产生几许无奈。不过很快，年轻人就想出了办法，他请求国王把公主的床换一个方向，并告诉国王，这样他就能把公主治好。听到这句话，国王就像遇到救星一样，赶紧命人把公主的床换了个方向。这样一来，死神变成了站在公主的床尾，而年轻人果然很快治好了公主的病，死神对他的做法也着实无可奈何。公主病好之后，年轻人和她成了夫妻，过上了美好的生活。

虽然这是一个神话故事，但是其中年轻人的做法的确值得我们深思。他面对困难的时候，没有消极地逃避或者搁置不管，而是让头脑保持冷静，巧妙地变通了一下，便找到了解决问题的办法。不能不说，这个小伙子何等聪明。由这个故事可以联想到我们现实的生活，在现实中，同样存在很多难以直接求解的问题。这时候我们不要幻想走"直线"，而应换一种思维、变个角度，说不定我们就会豁然开朗,问题也就迎刃而解了。

先不说由故事引发的感想,光是这则故事就很有问题。故事先假定:死神站在某人头旁边,那人就气数已尽,要么等死,要么等人救,而救的人要死,也就是被救者和救人者必死一个。而在故事中,死神已经出现在公主的头旁边,根据事先假定,公主和年轻人必死一个。可是,作者为了突出年轻人的聪明,自己违约,这样的故事就毫无逻辑可言,把读者当猴耍。

1.11　理性人惹人嫌

有一种说法:学文的比较浪漫,而学理工的则认死理。这种说法有一定的道理,而且也不是今天才这样。

唐代诗人杜甫写了一首诗《古柏行》,赞美诸葛亮庙里的古柏树高大挺拔,气势恢宏,以老柏孤高,喻武侯忠贞,表现了诗人对诸葛亮的崇敬之情。其中两句是:霜皮溜雨四十围,黛色参天二千尺。意为:古柏的树干色白而光滑润泽,需四十人才能合抱;青黑色的树叶郁郁葱葱,高高耸入二千尺以上的云霄。宋代著名科学家沈括对此诗句不以为然,他在《梦溪笔谈》中写道:四十围是直径七尺,一棵树的直径是七尺,却高二千尺,不是太细长了吗?

对于沈括这种"不懂风雅"的人,很多文人"起而攻之",认为对诗中的数字不能用科学的眼光去看,而要放飞心情,展开想象,否则像"飞流直下三千尺""白发三千丈"这样的诗句就更难理解了。

我认为,文学夸张当然可以,但最好还是要注意比例,免得自相矛盾。譬如:"飞流直下三千尺,疑是银河落九天"这样夸张没问题,"白发三千丈,缘愁似个长"也没问题,但如果同一首诗里同时出现这两种事物,就有点问题了,要知道1丈=10尺,也就是白发长度是瀑布长度的10倍。

其实也并不是理工科的人才斤斤计较，有时诗人也计较，譬如苏轼。苏轼写了很多浪漫的诗，夸张手法用得不少。如“日啖荔枝三百颗，不辞长作岭南人”，一个人真的能一天吃这么多荔枝吗？只是表达他喜欢吃荔枝的心情罢了。苏轼写诗夸张是一方面，同时他也是一个理性人。

据《苕溪渔隐丛话》记载：北宋诗人王祈写了一首《咏竹》诗，自认为是平生得意之作，便拿去给苏轼“雅正”。苏轼看后，哈哈大笑，道：诗虽好，却不耐推敲。譬如“叶攒千口剑，茎耸万条枪”（意为：竹叶攒着，像立着许多剑柄一样；竹茎耸着，又像挺着许多杆枪一样），千口叶，万条竿，岂不是十竿共一叶，叶子是不是少了点，谁见过这样的竹子呢？

《三国演义》开篇词《临江仙》，名气大得很。

滚滚长江东逝水，浪花淘尽英雄。是非成败转头空。青山依旧在，几度夕阳红。

白发渔樵江渚上，惯看秋月春风。一壶浊酒喜相逢。古今多少事，都付笑谈中。

很多人误以为此词是罗贯中所写，其实不是。

《东周列国志》开篇词《西江月》，也豪气逼人，被很多武侠片引用。

道德三皇五帝，功名夏后商周。英雄五伯闹春秋，秦汉兴亡过手。青史几行名姓，北邙无数荒丘。前人田地后人收，说甚龙争虎斗。

也有人误以为此词是冯梦龙所作，其实也不是。

这两首词出自同一作者，即明代文学家杨慎（1488—1559）。明朝三大才子分别是解缙、杨慎和徐渭。此三人以博学多才见长，而后世学者大都认为其中以杨慎学问最为渊博，当排名第一。学者王夫之称杨慎诗“三百年来最上乘”。学者陈寅恪称：“杨用修为人，才高学博，有明一代，罕有其匹。”

就是这么一位大名鼎鼎的人物，做了一件事情，被业内人笑话。

唐代诗人杜牧有一首《江南春》，流传很广：

千里莺啼绿映红，
水村山郭酒旗风。
南朝四百八十寺，
多少楼台烟雨中。

杨慎却认为：“千里莺啼，谁人听得？千里绿映红，谁人见得？若作十里，则莺啼绿红之景，村郭、楼台、僧寺、酒旗，皆在其中矣。”杨慎建议将“千”改成“十”。反对者则认为：“即作十里，亦未必尽听得着，看得见。题云《江南春》，江南方广千里，千里之中，莺啼而绿映焉，水村山郭无处无酒旗，四百八十寺楼台多在烟雨中也。此诗之意既广，不得专指一处，故总而命曰《江南春》……”

在这件事上，诗歌界人士大多认为杨慎过于计较，认为杜牧的诗没有问题，无须修改，因此直到今天，我们读到的还是“千里莺啼绿映红”。

作为文学大家，杨慎不可能不懂文学夸张。但做人就怕较真，一较真就容易出问题。

数学人常常过于理性，喜欢较真。这有时不是好事情。

甲：一对情侣一起买了一块饼，花费 31.5 元，女生吃了 $\frac{3}{7}$，其余的男生吃了，请问男生应该出多少钱？

乙：答案是 18 元，这么简单的问题。

甲：活该你没女朋友。

1.12 易产息讼的升级版

《涑水记闻》是宋代司马光的一部语录体笔记。因为司马光是山西省夏县涑水乡人，所以用涑水指司马光。该书记录了很多趣闻，譬如陈桥兵变、杯酒释兵权等。下面这则故事《易产息讼》也出自此书。

宋真宗时，张齐贤为相，戚中有争分财不均者，更相诉讼，后又入宫诉于上前，久不决。齐贤曰："此非官府所能决也，臣请自治之。"上许之。

齐贤坐相府，召诸讼者曰："汝非以彼所分多、汝所分少乎？"皆曰："然。"即命各供状并结实，乃召吏趣徙其家，令甲家入乙舍，令乙舍入甲家，货财皆案堵如故，文书则相交易之，讼者乃止。然各暗自称苦。

明日，奏上，上大悦："朕固知非卿莫能定也。"

译文：

宋真宗时，张齐贤担任宰相，在皇帝的外戚中有人因分财产不均而不断诉讼，后来还进入宫中直接诉诸皇帝，很长时间也没有得到解决。张齐贤说："这不是官府所能决定的，臣请求让臣去平定这件事。"皇帝同意了。

张齐贤坐在相府之中，召来诉讼各方，对他们说："你们不就是认为对方分得多，而自己分得少吗？"诉讼各方都说："对。"张齐贤立即让他们把家中的财产一一写下来，并签字画押，然后召来小吏催促诉讼双方搬家，命令甲家搬入乙家，乙家搬入甲家，财货等却原封不动，文书则让他们互相交换，双方的诉讼才停止了，但都各自暗暗叫苦。

第二天，张齐贤把这事禀告了皇帝，皇帝非常高兴，说："我本来就知道非爱卿你不能平定这场诉讼啊。"

有人觉得奇怪，这个故事有矛盾！甲、乙两家的财产多少，只有三种可能，即甲＞乙，甲＝乙，甲＜乙。如果两家财产均等，换了也无所谓，都不吃亏。如果一家多一家少，那么以少换多的那家就会很开心。怎会两家都叫苦呢？

其实这也是可能的，因为并不是每件物品都能准确估值，而且每人的偏好也不一样。假设甲喜欢美玉，乙喜欢字画，他们的父亲生前根据他们的喜好，就分别给了他们一件宝贝。甲认为分到的这个美玉值 1000 两银子，乙分到的字画只值 800 两银子；而乙则看法相反，认为美玉值 800 两，字画值 1000 两。而张齐贤将两人财产调换，两家都认为拿 1000 两的东西换了 800 两的东西，换亏了。所以在这种情况下，不换为好。可惜人心不足蛇吞象，都还想争更多，于是造成了这种后果。

由于人的偏好，对同一样东西给出不同价钱，这是很正常的。如果处理得当，还会产生一种奇怪的效果，即两个人都觉得占了便宜。

譬如：A 和 B 合租一套房子，月租金 2000 元。因为其中两个房间一大一小，所以不可能平均出资。A 收入高些，想住大房间，愿出 1100 元。B 的收入低些，愿意住小房间，但他认为小房间只值 800 元，A 住大房间应该出 1200 元。

也就是对于大房间，A 认为值 1100 元，B 认为值 1200 元。根据价高者得的原则，B 住大房间，出 1200 元。这样分配是两败俱伤，两人都没分到希望的房间。按常理而言，A 更倾向于大房间，那么他会出价更高一些，而此时 A 出价比 B 出价低，这其中存在矛盾，至少有一方要调整价格。

如果 B 不愿意住大房间，希望让给 A 住，那就得重新给大房间定价,而且必须在1100元之下。如果B将大房间的定价修改为1050元,那么有趣的事情发生了。

我们让A住大房间,出$(1100+1050)\div 2=1075$元,B住小房间,出$(900+950)\div 2=925$元。这样一来,A用1075元买来心中价值1100元的东西,B用925元买来心中价值950元的东西,都觉得自己赚了!

当然,从不同的角度分析可能导致结果不同。生活中还有一些人,他们就选小房间,也只愿出800元,你拿他怎么办吧。

1.13 我是鬼吗?——司马光与老婆也斗嘴

小时候看过这样一则故事,印象十分深刻。

一小孩搬石头,父亲在旁边鼓励:孩子,只要你全力以赴,一定搬得起来!最终孩子未能搬起石头,他告诉父亲:"我已经拼尽全力了!"父亲答:"你没有拼尽全力,因为我在你旁边,你都没请求我的帮助!"

当时我觉得讲得好有道理,竟无言以对。

读大学的时候,一些同学过不了英语四级,于是花钱请人代考。这时我再反思这则故事,就感觉不对头。前一个"全力",是指小孩个人用力,后一个"全力"则是指发动身边所有力量,用尽所有资源。好比大学生应该想尽"办法"考四级,是指提高英语水平和应试技巧,这里的办法应该不包括代考。

从逻辑上来说,这就属于偷换概念。

《司马温公禁看灯》记录了司马光与夫人之间的一个小故事:

司马温公洛阳闲居,时上元节,夫人欲出看灯。公曰:"家中点灯,何必出看?"妇人曰:"兼欲看游人。"公曰:"某是鬼耶?"

译文：

司马光在洛阳闲居，元宵节那天，夫人想出去看灯。司马光说："家里点了灯，何必出去看？"夫人说："顺便想看看游人。"司马光说："那我是鬼吗？"

明明夫人想看的是"花灯"与"游人"，司马光却故意偷换概念，将之改为"灯"与"人"，属于耍赖行为。

你想不到大名鼎鼎的司马光（著名的政治家、文学家、史学家）还有这样的一面吧？不过这样的故事，也不一定是真的。要知道，讲段子并不是现代人的发明。

1.14 假如潘金莲不开窗

网上流传一个段子：

今天走在路上，看地上有捆芹菜，捡还是不捡？仔细一想，有芹菜就要买肉，买了肉就要有厨房，厨房有了，那就必须要个媳妇来做，有个媳妇就肯定有丈母娘，你要想娶她姑娘，她就必须开条件了，要房，要钱，要车……仔细想了想，赶紧把芹菜扔了，现在房价跌这么厉害，肯定是开发商故意扔的，哎呀，这太吓人了！

类似段子，古已有之。如明代文学家江盈科的《雪涛谐史》，其中有一篇《妄心》，所记载的故事流传甚广。

一市人贫甚，朝不谋夕。偶一日拾得一鸡卵，喜而告其妻曰："我有家当矣。"妻问安在，持卵示之，曰："此是。然须十年，家当乃就。"因与妻计曰："我持此卵，借邻人伏鸡乳之，待彼雏成，就中取一雌者，归而生卵，一月可得十五鸡，两年之内，鸡又生鸡，可得鸡三百，堪易十金。我以十金易五牸，牸复生牸，三年可得二十五牛，牸所生者，又复生牸，三年可得百五十牛，堪易三百金矣。吾持此金举责，三年间，半千金可得也。就中以三之二市田宅，以三之一市僮仆，买小妻。我乃与尔优游以终余年，不亦快乎？”

妻闻欲买小妻，怫然大怒，以手击卵碎之，曰：“毋留祸种！”夫怒，挞其妻。乃质于官，曰：“立败我家者，此恶妇也，请诛之。”官司问：“家何在？败何状？”其人历数自鸡卵起，至小妻止。官司曰：“如许大家当，坏于恶妇一拳，真可诛。”命烹之。妻号曰：“夫所言皆未然事，奈何见烹？”官司曰：“你夫言买妾，亦未然事，奈何见妒？”妇曰：“固然，第除祸欲早耳。”官司笑而释之。

明、清两代的文章比较好懂，此处就不翻译了。

再往前追溯，《韩非子》中有则寓言，名曰《象箸之忧》。

昔者纣为象箸而箕子怖。以为象箸必不加于土铏，必将犀玉之杯；象箸玉杯必不羹菽藿，则必旄象豹胎；旄象豹胎必不衣短褐而食于茅屋之下，则锦衣九重，广室高台。吾畏其卒，故怖其始。居五年，纣为肉圃，设炮烙，登糟丘，临酒池，纣遂以亡。故箕子见象箸以知天下之祸。故曰：“见小曰明。”

译文：

当年纣王使用象牙筷子，箕子见了觉得害怕。因为箕子认为，用了象牙筷子，必然会不用陶杯，改用犀角美玉做的杯子；用了象牙筷子、玉杯，必然不会吃粗粮菜蔬，而去吃山珍海味；吃山珍海味必然不能穿粗布短衣，坐在茅屋中吃，一定要穿华贵的衣服，坐在宽广的屋子里高高的亭台上吃。我怕那个结局，所以在看到开始的时候感到恐惧。过了五年，纣王造了酒池肉林，设了炮烙的酷刑，并因此而亡国。所以说箕子看见象牙筷子便知道天下将有大祸降临。所以说：“能从小处看出以后发展的人是聪明的。”

这三则故事有什么相通之处吗？细细品，也是有的。

有芹菜就一定要买肉吗？

有了蛋就一定能孵出小鸡吗？

用了象牙筷子就一定会用犀角杯子吗？

这都是不一定的，只是说有可能。

数学中的推理一般是指必然性推理，即从真前提能够必然地推出真结论的推理。这包括各种直接推理、三段论、关系推理、假言推理、选言推理、完全归纳推理、科学归纳推理等。

与必然性推理相对的是或然性推理，从真前提只能或然地(并非必然地)推出真结论的推理。这主要有简单枚举归纳推理和类比推理。

数学中常常是在有限条件下封闭式讨论问题，所以才能实现必然性推理。而现实生活中的情况异常复杂，充满变数，一般采用或然性推理。

人们在日常生活中经常会遇到许多不确定的信息，即具有概率性质的信息，若据以推理，便是概率推理。如天阴并不一定意味着要下雨，肚子痛并不一定得了胃病。

为何第一、二则故事，常被当成笑话看，而第三则故事则认为是有先见之明、见微知著呢？关键就是概率大小不同。

从捡芹菜到买肉，建厨房，娶媳妇，丈母娘开条件，每一步都不是必然的，存在太多的变数，假设每一步推理成功的可能性是$\frac{1}{2}$，那出现设想局面的可能性就是$\left(\frac{1}{2}\right)^4=0.0625$。连$\frac{1}{10}$都不到，何况假设的$\frac{1}{2}$有点高于实际。

从捡到鸡蛋到娶小老婆，中间的推理就更漫长了。要实现设想，不是说绝不可能，但这绝对是小概率事件，成功的可能性忽略不计，所以故事最后以笑话收场。

而第三则故事中的主角是纣王，拥有至高无上的权力。他用了象牙筷子，若想用犀角杯子来配对，只是一句话的事情。没有办不到，只有想不到。就算纣王自己想不到，身边也有人会帮他想到。而人天生具有惰性，希望过享乐生活，很难抗拒。那出现设想局面虽不是必然，但可能性还是较大的。若一个普通人耗尽家财才得到一双象牙筷子，他就算多想要犀角杯子，也是困难的，这一步非常难推导。

网上依照概率推理，写得很夸张的段子还有不少。甚至还有假冒小学生名义写的。

案例 1

假如潘金莲不开窗

假如潘金莲不开窗户，不会遇到西门庆；不遇到西门庆不会出轨；不出轨，武松不会被逼上梁山；武松不上梁山，方腊不会被擒，可取得大宋江山；不会有靖康耻、金兵入关，不会有大清朝；不会闭关锁国，不会有鸦片战争、八国联军入侵。中国将是世界上唯一的超级大国，其他诸侯都是浮云。小潘呀！闲着没事，你开什么窗！

案例 2

有志气的小学生拯救全人类！

时间过得真快，一下就到半期考了，现在已经在开始紧张地复习了。我必须要开始努力了，因为我如果不努力，成绩就上不去，我成绩上不去就会被家长骂，我被家长骂，就会失去信心，失去信心就会读不好书，读不好书就不能毕业，不能毕业就会找不到好工作，找不到好工作就赚不了钱，赚不了钱就会没钱纳税，没钱纳税，国家就难发工资给老师，老师领不到工资就会没心情教学，没心情教学，就会影响我们祖国的未来，影响了祖国的未来，中国就难以腾飞，中华民族就会退化成野蛮的民族。中华民族成了野蛮的民族，美国就会怀疑我国有大规模杀伤性武器，我国有大规模杀伤性武器，美国就会向中国开战，第三次世界大战就会爆发，第三次世界大战爆发其中一方必定会实力不足，实力不足就会动用核武器，动用核武器就会破坏自然环境，自然环境被破坏，大气层就会破个大洞，大气层破个大洞地球温度就会上升，两极冰山就会融化，冰山融化，地球水位就会上升，地球水位上升，全人类就会被淹死。因为这关系到全人类的生命财产安全，所以我要在仅剩下的几天里好好复习，考好成绩，不让悲剧发生。

1.15 为什么要见好就收？

投篮命中率通常是指在整个篮球比赛中投篮命中的次数与投篮的总次数的比值。

1 号队员，投球 1 次，命中 1 次，命中率为 100%。

2 号队员，投球 10 次，命中 9 次，命中率为 90%。

如果单纯地比较结果大小，得出的结论是 1 号队员命中率高。但是不是由此可以得出 1 号队员比 2 号队员投球更准呢？不能。

测试次数少，存在较大的偶然性。测试次数多，则会存在另一个问题，即使投手水平较高，连续投球之后，体力、心态等都会发生较大变化。所以很多比赛采取五局三胜或七局四胜，很少采用一局制或十几局制，以排除在极端情况下选手偶然取得高水平的成绩或较低水平的成绩。

如果一个篮球运动员的命中率达到 0.99，则连中 10 次的可能性是 $0.99^{10} \approx 0.90$，而连中 20 次的可能性会比 $0.99^{20} \approx 0.82$ 低，而且低不少。中国古代就有不少故事讲这个道理。

成语“百发百中”出自《战国策·西周策》：

楚有养由基者，善射。去柳叶者百步而射之，百发百中。左右皆曰善。

有一人过曰："善射，可教射也矣。"

养由基曰："人皆曰善，子乃曰可教射，子何不代我射之也？"

客曰："我不能教子支左屈右。夫射柳叶者，百发百中，而不以善息，少焉气力倦，弓拨矢钩，一发不中，前功尽矣。"

译文：

楚国有一个射箭能手，叫养由基。他距离柳树一百步放箭射击，每箭都射中柳叶的中心，百发百中，左右看的人都说射得很好。

一个过路的人却说："既然如此善于射箭，就可以教他该怎样射了。"

养由基听了这话，心里很不舒服，就说："大家都说我射得好，你竟说可以教我射箭，你为什么不来替我射那柳叶呢！"

那个人说："我不能教你伸直左臂持弓，弯曲右臂引弓持箭，不过你有没有想过，你射柳叶百发百中，但是却不善于调养气息，等一会疲倦了，一箭射不中，就会前功尽弃。"

《东野稷败马》出自《庄子·外篇·达生》：

东野稷以御见庄公，进退中绳，左右旋中规。庄公以为文弗过也，使之钩百而反。颜阖遇之，入见曰："稷之马将败。"公密而不应。

少焉，果败而反。公曰："子何以知之？"曰："其马力竭矣，而犹求焉，故曰败。"

译文：

东野稷十分擅长驾马车。他凭着自己驾车的一身本领去求见鲁庄公。鲁庄公接见了他，并叫他驾车表演。只见东野稷驾着马车，前后左右，进退自如，十分熟练。他驾车时，无论是进还是退，车轮的痕迹都像木匠画的墨线那样直；无论是向左还是向右旋转打圈，车辙都像木匠用圆规画的圈那么圆。鲁庄公大开眼界。他满意地称赞说："驾车的技巧的确高超。看来，没有谁比得上了。"说罢，鲁庄公兴致未了地叫东野稷兜一百个圈子再返回原地。一个叫颜阖的人看到东野稷这样不顾一切地驾车用马，于是对鲁庄公说："看，东野稷的马很快就会累垮的。"鲁庄公听了很不高兴。他没有理睬站在一旁的颜阖，心里想着东野稷会创造驾车兜圈的纪录。但没过一会儿，东野稷的马果然累垮了，它一失前蹄，弄了个人仰马翻，东野稷因此扫兴而归，见了庄公很是难堪。鲁庄公不解地问颜阖："你是怎么知道东野稷的马会累垮的呢？"颜阖回答说："马再好，它的力气也总有个限度。看东野稷驾的那匹马力气已经耗尽，可是他还让马拼命地跑。像这样蛮干，马不累垮才怪呢。"

"进退中绳，左右旋中规。"驾着车还能画直线画圆（这也与数学有关），驾驶技术真的很厉害。若算他的成功率为 0.99，则连续跑 100 圈不出问题的可能性是 $0.99^{100}\approx 0.37$。如前面所分析，成功率 0.99 代表的是高峰水平。次数增加太多，人是难以长久维持在高峰水平的。假设前 50 圈，东野稷能保持在成功率为 0.99 的高水平，50 圈后保持在成功率为 0.95 的水平，那么结果是 $0.99^{50}\times 0.95^{50}=0.047$，远比 0.37 要低。不出问题才怪！

1.16 什么是命题

什么是命题？

初中教材认为：命题是判断一件事情的语句。高中教材认为：命题是可以判断真假的语句。判断为真的语句称为真命题，判断为假的语句称为假命题。

鲁迅先生讲过一个精彩的小故事：

“一家人家生了一个男孩，合家高兴透顶了。满月的时候，抱出来给客人看，——大概自然是想得一点好兆头。

“一个说：‘这孩子将来要发财的。’他于是得到一番感谢。

“一个说：‘这孩子将来是要死的。’他于是得到一顿大家合力的痛打。

“说要死的必然，说富贵的许谎。但说谎的得好报，说必然的遭打。你……”

“我愿意既不说谎，也不遭打。那么，老师，我得怎么说呢？”

“那么，你得说：‘啊呀！这孩子呵！您瞧！那么……阿唷！哈哈！Hehe！he，he he he he！’”

“这孩子将来是要死的。”

这是命题，且是真命题。

“啊呀！这孩子呵！您瞧！那么……阿唷！哈哈！Hehe！he，he he he he！”

这不是命题，因为不是陈述句。

“这孩子将来要发财的。”

这句话需要分析。鲁迅判定为假命题，因为他认为“说富贵的许谎”。也有人认为这根本不是命题，因为将来的事情无法判定真假。我个人认为算是命题，真假必居其一，只是暂时无法判断而已，等几十年后，结果自现。就好比随手写上一个很大很大的数字，大到目前使用计算机也无法判断它是质数还是合数。然后说：这个数是质数。

王维有一首《相思》：

红豆生南国，
春来发几枝？

愿君多采撷，
此物最相思。

此诗最绝之处是：四句诗分别用了陈述句、疑问句、祈使句、感叹句四种句型。

其中“红豆生南国”陈述了红豆的生长地，且符合事实，所以是一个真命题。

疑问句一般不对事物作出真假判断，只是提出问题。只有反问句才表达判断，如：难道人不会死吗？

祈使句的作用是要求、请求或命令、劝告、叮嘱、建议别人做或不做一件事。这更多的是感官上的看法，不存在真与假。

感叹句则是抒发一种情感，同样无真假。

1.17 从道旁苦李说开去

道旁苦李这则故事源自《世说新语》：

王戎七岁，尝与诸小儿游，看道旁李树多子折枝，诸儿竞走取之，唯戎不动。人问之，答曰：树在道旁而多子，此必苦李。取之信然。

人们提起这则故事，大多会称赞王戎小小年纪就观察仔细，善于思考，能根据有关现象进行推理判断，不犯不必要的错误，少走弯路。

近年来，一些数学老师也在反证法教学时使用这则故事。他们认为：王戎用的不就是反证法吗？假如李子不苦，早被路人摘光；现在李子还有这么多，肯定是苦的。

一位高中老师想在公开课用这个案例，征询我的意见。我的回答是：用也可，如果更深层思考，不用也好。

对于一个七岁小孩来说，见到吃的，能保持冷静，能独立思考，确实不易。这是值得学习的。但若撇开王戎年龄不谈，单纯分析这个故事，是否是一个好的教学案例，值得思考。

在路边看到一棵李树，上面有李子，我们会不会像王戎那样推理呢？

类似的，看到路旁的稻田没人收割，是不是意味着这些稻子是坏的？看到庙里功德箱里的钱没人拿，是不是意味着这些钱是伪钞？……

作为一个正常人，我们都应该知道李树是有主之物。相信在王戎那个年代也是如此，不问自取是为贼，不能随意拿人家东西。这是作为社会人的自律性，否则社会就乱了。只能说王戎年纪还小，对物品的所有权认识不够，我们要理解。

一棵树上的李子是有限的。故事里说，除了王戎，其他小朋友都去摘了。摘了之后，不管苦不苦，李子都不可能再回到树上。如果李子好吃，摘了的人还会摘，被摘完的速度就快一些。若李子不好吃，摘了的人不再摘，被摘完的速度就慢一些。如果允许随意摘取，由于路过的人多，也很快会被摘完。

如果王戎的分析是少有人能想到的，那么当其他一伙人路过时，除个别人像王戎那样聪明不去摘取，其他人都去摘取，那么李子会被很快摘光。

而树上李子还有很多，要么是因为其他路过的人都能像王戎那样判断出李子是苦的，这说明王戎的想法很平常，并无太多值得称赞之处；要么其他人知道不能随意拿取别人的东西。

细思极恐！

大家都说王戎聪明，是否真的聪明呢？相对其他小朋友一拥而上，王戎还是有自己的主见的。而编写这个故事的作者只考虑王戎这一伙，并没有考虑其他人，但又将故事情境假设在大道之旁，于是出现一些难以自圆其说之处。如果允许任意摘取，由于大道之旁路过的人多,李子会被很快摘光。也许是因为李子好吃,而大家不知道,错过了!王戎只看到自己这伙人中其他人的愚笨,但没有想到更多的情况。

一个真正的聪明人,除了知道自己的聪明,还得考虑别人是否聪明,是与自己所想一样,还是想得更多或更少。

西方经济学中有一个经典的案例。教授让学生们参与一个实验:每个学生从 0 到 100 中任选一个数字,如果某学生选取的数字是全体参与者所选数字的平均数的一半,就能得到 100 美金。

如果大家都随机从 0 到 100 取数,从概率上说,最终平均数为 50 的可能性最大;再取半,就是 25。这样分析,作为聪明人,应该选 25 这个数字。

问题是,你聪明,要是别人也聪明呢?大家都选 25,那么中奖数字就变成了 12.5。若大家也这么聪明,则中奖数字就变成了 6.25。继续推理下去,最后中奖数字应该是 0。

从某种程度上来说,实验所得结果越小,说明这群被测试者整体上比较聪明,考虑得深入。

那么中奖数字是不是 0 呢?这位教授做实验得出的结果不是 0,而是 13。因为有些人不像你想的那么聪明。

清代魏源有句名言:不知人之短,不知人之长,不知人长中之短,不知人短中之长,则不可以用人,不可以教人。意为:不知人的短处,不知人的长处,不知人长处中的短处,不知人短处中的长处,这样就不能够用人,不能够教育人。

1.18 单位与括号

网上流传这样一段文字：

如果说 1+1=1,1+2=1,3+4=1,5+7=1,6+18=1,则大脑第一反应为：不可能。

那么，如果将这些数字加上适当的单位名称，其结果是可以成立的。

1 里 +1 里 =1 公里

1 个月 +2 个月 =1 个季度

3 天 +4 天 =1 周

5 个月 +7 个月 =1 年

6 小时 +18 小时 =1 天

对任何事在没考证前，请不要说“不可能”！思想改变一切！

这是典型的鸡汤文，宣传的价值观是：只要努力，只要改变思想，就一定能成功。

前面等式推理是后面结论的依据。那么前面等式推理是不是成立呢？

鸡汤文先是故作惊人姿态：1+1=1……然后解释为：1 里 +1 里 =1 公里……

问题是，1 里 +1 里 =1 公里虽然正确，但从 1 里 +1 里 =1 公里推不出 1+1=1。否则按照鸡汤文的逻辑：因为 $\frac{1}{2}+\frac{1}{2}=1$，擦去分数线和 2，也可以推出 1+1=1。这是极为荒谬的。

在数学中，单位在运算过程中有时能省，但也不能随意省。

例 1 有长 100 米、宽 65 米的长方形果园，面积是多少平方米?

解 100×65=6500(米^2)。

论其实质,100×65=6500(米^2)是 100 米×65 米=6500 米^{2}的另一写法,单位名称是等式的有机组成部分。

如果写成 100×65=6500 米^2,则是不规范的,左边是单纯的数,右边是有单位的,两边等值不等量。而写成 100 米×65 米=6500 米^2,又有点复杂,特别是数据较多、运算较复杂的时候。所以,我们一般采用这种写法:100×65=6500(米^2)。

为了计算简便,在计算过程中省去单位,最后结果带一个单位,该单位用括号括起来。括号不可省,起解释说明的作用。

括号的用处:写文章写到某个地方,为了让读者了解得更透彻,有时需要加个注释,这种注释可用括号标明。注释的性质是多种多样的。例如:江姐叫江竹筠(yún)。

另解 100×65=6500 米^2=0.65 公顷。

某些资料采用以上写法,也是不规范的。因为 100 和 65 省去单位,所以 6500 后面的单位必须括起来,否则两边等值不等量。而一旦把单位括起来,6500 和 0.65 数值上又不相等。所以此题的规范写法应该是:100×65=6500(米^2),6500 米^2=0.65 公顷。

关于括号,再多说几句。不知何时起,信封上出现了括号。

如"某某(老师)收"。老师是一种称呼,可与前面的姓名连用,没必要括起来。如果这个需要括起来,那么文献资料里括号就会满天飞:某某(教授)、某某(同学)、某某(医生)。如"某某老师(收)",收字在此处是动词作谓语,不起注释作用,为什么要括?

1.19 结构与同构

有 3 支笔，每支 4 元，总价为多少？

每小时走 5 千米，2 小时走多远？

虽然一个是价钱，一个是路程，但可以认为这属于 $y=kx$ 类型，甚至看成 $a\times b=ab$ 类型。你只要掌握了其中一个类型，其余就全部掌握了，因为这些题目是一个结构的。

这也是中小学数学教学非常注重解题归类的原因，这就是结构的雏形。从不同的问题中抽象出本质。

结构和同构是非常专业的术语。在张景中老师和我所著的《数学哲学》中有较为详尽的介绍。有兴趣的朋友可以参看。这里讲两个我曾给初中生讲过的例题。

例 1 如图，在线段 AB 上任作点 C，作线段 AC 的中点 D，作线段 CB 的中点 E，则 $AB=2DE$。

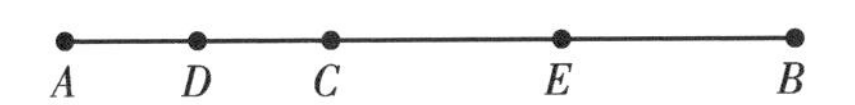

例 2 如图，在 $\angle ABC$ 内任作点 D，作 $\angle ABD$ 的平分线 BE，作 $\angle CBD$ 的平分线 BF，则 $\angle ABC=2\angle EBF$。

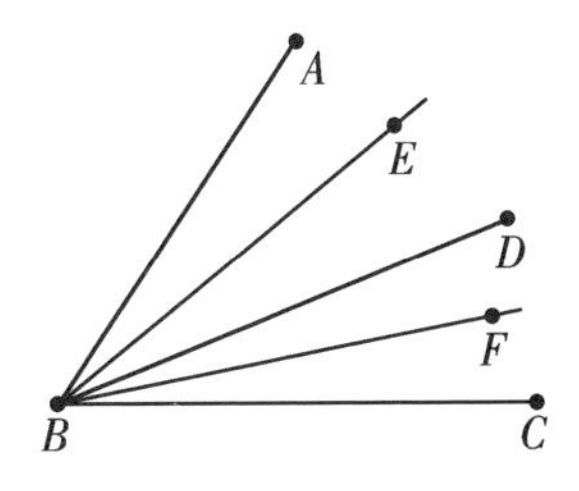

请思考：这两个例题之间有什么相通的地方吗？

显然有着以下的映射关系。例 1 的 A 点对应着例 2 的射线 BA。

例 1	例 2
A	BA
B	BC
C	BD
D	BE
E	BF

或者还可以这样,假设例 1 的线段 AB 在一条数轴上,那么每个点对应一个数,那么点和数就存在对应关系。这里的点和数也可以看成是同构的。

同构是在数学对象之间定义的一类映射,它能揭示出在这些对象的属性或者操作之间存在的关系。若两个数学结构之间存在同构映射,那么这两个结构是同构的。一般来说,如果忽略掉同构的对象的属性或操作的具体定义,单从结构上讲,同构的对象是完全等价的。

研究同构的主要目的是把数学理论应用于不同的领域。如果两个结构是同构的,那么其上的对象会有相似的属性和操作,对某个结构成立的命题在另一个结构上也就成立。因此,如果在某个数学领域发现了一个对象结构与某个结构同构,且对于该结构已经证明了很多定理,那么这些定理就可以应用到该领域。如果某些数学方法可以用于该结构,那么这些方法也可以用于新领域的结构。这就使得理解和处理该对象结构变得容易,并且可以让数学家对该领域有更深刻的理解。

其实,类比、同构的思想并非数学所独有。《邹忌讽齐王纳谏》出自《战国策 · 齐策一》,讲述了战国时期齐国谋士邹忌劝说君主纳谏,使之广开言路,改良政治的故事。其中家国类比,属于典型的同构。

序列		同构	
		喻体	本体
事之悖谬		邹忌不如徐公美 而众人皆言美于徐公	齐威王朝政有失误 而臣民不言
缘故	1	妻之美我者私我也	宫妇左右莫不私王
	2	妾之美我者畏我也	朝廷之臣莫不畏王
	3	客之美我者欲有求于我也	四境之内莫不有求于王
纠正及结果		弄明理由,推理谏言	奖励谏言,齐国强盛

1.20 一样的结构,不一样的内容

读到一则寓言故事《老鼠和蝙蝠》:

一天,一只自以为是的老鼠遇到了一只蝙蝠。

老鼠伸出了爪子,骄傲地说:“我会打洞,你会吗?”蝙蝠摇了摇头,轻声说:“我不会。”

老鼠摆了摆尾巴,自豪地说:“我知道农夫的香油藏在哪里,你知道吗?”

蝙蝠涨红了脸,轻声说:“我不知道。”

老鼠晃了晃脑袋,得意地说:“我能够从母鸡那里弄到鸡蛋,你能吗?”

蝙蝠羞愧地低下了头。

忽然,蝙蝠看到草地上有一条蟒蛇张着大嘴,朝它们扑过来。

蝙蝠赶紧飞了起来，躲过了蟒蛇。老鼠却被蟒蛇一口咬住了。

就在将要被蟒蛇吞下去的那一刻，老鼠听到蝙蝠在空中说："我不会打洞，不知道农夫的香油藏在哪里，也不能从母鸡那里弄到鸡蛋，但是我会飞。"

这让我想起另一则有名的故事：

有一个船夫在湍急的河水中驾驶小船，上面坐着一个哲学家。

哲学家：船夫，你懂得历史吗？

船夫：不懂！

哲学家：那你就失去了一半生命！

哲学家又问：你研究过数学吗？

船夫：没有！

哲学家：那你就失去了一半以上的生命。

哲学家刚刚说完这句话，风就把小船吹翻了，哲学家和船夫两人都落入水中。

船夫喊道：你会游泳吗？

哲学家：不会！

船夫：那你就失去了你的整个生命！

这两则故事如此相似，我甚至怀疑前者是根据后者仿写而成的。这样的仿作也是有意义的，使得一则成人寓言适合少儿阅读。我也情不自禁，仿写了一则《切莫做空头理论家》：

教学楼的走廊上，有两个人在对话：

A：你知道什么是绝对主义吗？

B：不知道！

A：你研究过多元表征吗？

B:没有!

A:你接触过认知心理学吗?

B:没有!

A:就你这水平,还敢来四大名校应聘?

A的话还没讲完,教室的门开了,走出来一位老师,对A说:你可以走了。

在A转身离去时,听到老师和B说:那个A还来自什么名校呢!一张高考模拟卷150分,才考了70多分;还是你实力强,差一分就是满分,以后我们学校的竞赛就由你接手了。

1.21 一样的道理,不一样的形式

有一位盲人大哥夜间出门,他提着一盏明晃晃的红灯笼走在暗路上。来往行人见他在灯笼相伴下摸索前行的模样,个个觉得好笑又奇怪。一位路人忍不住上前问道:"大哥您眼睛不好使,还打着这灯笼干啥呢?有用吗?"

"有用,有用,怎么会没用?!"盲人大哥认真地回答。

"有啥用处呢?说来听听。"这位路人来劲了,也不经意间说出一句颇有杀伤力的话:"你又看不见。"

这时,四周已经聚集了一些好奇的行人,人们都饶有兴趣地想听一番笑话。没想到,这位盲人大哥抛出这么一个回应:"对啊,正因为我看不见你们,我才需要这灯笼,好给你们这些明眼人提个醒,怕你们在黑暗中看不见我这个盲人,把我撞倒了。"

听者无不感到振聋发聩,个个脑门一亮,心中豁然开朗,大家都被这位盲人大哥的奇异思路给折服了。

一个物体是不会相撞的。撞是相互的。如果能确保别人不与我相撞,也就保证了我不与别人相撞。

《宋史》记载了“司马光砸缸”一事:

群儿戏于庭,一儿登瓮,足跌没水中,众皆弃去,光持石击瓮破之,水迸,儿得活。

二者有相通之处。人遇水等价于水遇人,人离开水等价于水离开人。也就是说,人从缸中爬出和把缸砸破起到的作用是一样的。

1.22 一样的本质,不一样的形式

小时候写作文,常会有“两个小人在脑海里打架”。譬如:捡到钱,是交公还是不交公,两个小人在脑海里打架;是先去玩还是先做作业,两个小人在脑海里打架……

作家木心还专门写了一篇文章《两个小人在打架》,记录这种现象,文中赵老师有一段话:

怎么搞的,学生作文,都是脑子里两个小人在打架,也谈不上两种人生观两种世界观的矛盾,不过是白脸红脸好人坏人纠缠不清。是谁教出来的?积重难返吗?我倒是不相信,我非赶走这两个小人不可!这样没头没脑地打下去,还算什么作文,简直胡诌,简直误人子弟!

其实这种“两个小人在脑海里打架”的写作模式古已有之。

《楚辞》中的《渔父》提及屈原与渔夫的对话。这个渔夫真的存在吗?还是屈原自己脑海里两个小人在打架?我认为是后者。《渔父》这篇文章是屈原自己的内心对白。看似两种截然不同的

人生观也可看作是屈原的矛盾心境。只不过最后坚持操守、坚持理想的那个小人赢了罢了。

《愚溪对》是柳宗元的散文名篇。文中通过虚拟的梦境假托作者与愚溪之神的对话，曲折地发泄了对黑白颠倒、智愚不分的现实的愤慨之情。写愚溪的遭遇，实质上就是写作者自己的遭遇。柳宗元本身就不信鬼神，编造对话，其实也是脑海里两个小人打架而已。

1.23 有喜有悲，才是真正的人生

老太太有两个女儿，大女儿卖鞋，小女儿卖伞。下雨的时候，老太太会牵挂大女儿，觉得下雨了鞋不好卖；天晴了，老太太又牵挂小女儿，觉得天晴了伞不好卖。时间长了，老太太生了病。有位好心人就劝她："你要反着想，下雨的时候，想一想卖伞的女儿；天晴了，想一想卖鞋的女儿。无论天晴还是下雨，都有高兴的事情。"于是老太太的病就好起来了。

按照老太太原来的想法：

如果下雨，则鞋卖不出去，不高兴；

如果天晴，则伞卖不出去，不高兴；

或下雨或天晴，则鞋或伞卖不出去，不高兴。

按照好心人的想法：

如果下雨，则可卖伞，高兴；

如果天晴，则可卖鞋，高兴；

或下雨或天晴，则卖伞或卖鞋，高兴。

老太太原来的想法无疑有点悲观，而好心人的想法则有点乐观。做人要乐观一点，我们尽量选择一种好的心理慰藉。但注意

其中的“或”，两者只能取其一，掩耳盗铃的招儿不能改变东西卖不出去的事实。如果更理智一点，则是：

如果下雨，则可卖伞，鞋卖不出去，有喜有悲；

如果天晴，则可卖鞋，伞卖不出去，有喜有悲；

不管下雨还是天晴，都有喜有悲。也许这才是真正的人生。

有男生打电话给女生，说：“我很想你，但我要工作。”女生不高兴。

后来男生换了一种说法：“我在工作，但我很想你。”女生高兴了。

其实，两种说法意思一样，都是工作和想你并存。只不过调换了顺序，侧重点好像不同。如何说话也是一门大学问。

1.24 将“〇”从汉字队伍中驱逐出去？

华东师范大学林磊老师在香港的《数学文化》期刊上发表文章《应该将“〇”从汉字队伍中驱逐出去？》

理由一：汉字演变到现在，其主要特征已被大家公认为它是方的，即汉字是方块字，而“〇”不具有这一特征。

理由二：现代汉字是由基本笔画（如横、竖、撇、捺等）构成的，但是“〇”无法由任何法定的基本笔画构成。

这些年有一个普遍的看法：年轻人的中文水平整体下降严重。所以，有人特别是学数学的人来探讨汉字是一件很有意义的事情。

汉字并没有一个明确的定义。

从广义上来说，汉字应该包括甲骨文、大篆、金文、籀文、小篆、隶书、草书、楷书（以及派生的行书）等文字。从狭义上来说，汉字是指以正楷作为标准写法的汉字，也是普遍使用的现代汉字字体。

在古文中，汉字只称“字”，少数民族为区别而称“汉字”，指汉人使用的文字。

如果说汉人使用的文字就是汉字，那么“〇”当然属于汉字。这个汉字我们已经用了很多年。在过去，一些不会写自己名字的人在签名时就是画个“〇”。譬如，阿Q还曾为画不圆而纠结。连文盲都使用，可见群众基础深厚。

如果转换汉字的概念，将汉字等价于方块字。那么方块字又是什么？

我们可尝试定义方块字：

定义1：能够写在方格中的字。

这种定义显然不靠谱，只要方格足够大，什么字都可以写。“〇”自然也在内。

定义2：四四方方，有棱有角的字。

这种定义看似可以，但未必科学。像“一”字，就是一条线；像“品、晶、森”，包括林磊老师的“磊”，很难说成是方的，说成是三角形，品字形更合适一些。还有“丁”“人”，从凸包的角度来看，这应该都属于三角形字。

如果使用这样的定义，则可以将“〇”排除在汉字之外，但也会“误杀”其他。

至于理由二，“〇”无法由任何法定的基本笔画构成，也值得商榷。

所谓法定，按照传统的“永字法”，汉字有8种基本笔画：点、横、竖、撇、捺、提、折、钩。1965年文化部和中国文字改革委员会发布的《印刷通用汉字字形表》和1988年国家语言文字工作委员会、中华人民共和国新闻出版署发布的《现代汉语通用字表》规定了5种基本笔画：横、竖、撇、点、折，又称“札字法”。

那试问“乙”是不是由基本笔画组成的呢？是横与折的组合吗？非也！“乙”就是单独的一画，而不是两画相加。

还有一点需要注意，汉字应该包括篆书在内。

小篆是长条形的，并不呈四方形，而且笔画多用弧线，以致有些人认为小篆是画出来的，其实不然。

从数学史的角度来说，古人用圆圈符号表示零，可谓是数学史上的一大发明。在数学史上，“〇”的意义是多方面的，它既表示无，又表示位值记数中的空位，而且是数域中的一个基本元素，可以与其他数一起运算。

宋代蔡沈在《律率新书》中用方格表示空缺。金代《大明历》中有“四百〇三”“三百〇九”等数字。公元 1247 年，秦九韶在其著作《数书九章》中使用符号“〇”来表示零的概念。

以前有篇文章建议把“曌”“猹”一类的字从字典里删除，理由为这些字都是人造的。这个理由当然是牵强的。哪个汉字不是人造的呢？

从目前的使用情况来看，“〇”确实使用很少了。将来从字典中废除，也不是不可能。

优胜劣汰，顺其自然吧！

1.25 漫说棱

棱，形声字，字从木，音从夌(líng)。木指木材，夌为四边形的平面。“木”与“夌”合起来表示“横截面为四边形的木材”，后又指物体上的条状突起，或不同方向的两个平面相连接的部分。

“棱”在汉字的长期演变过程中又产生多个读音，除 líng 之外，还有 lēng、léng，而我们要讲的是和数学有关的 léng。

常见词组有以下几种：

棱柱：一种多面体，其中有两个面彼此平行，其余诸面则为平行四边形。物理学中的棱镜是棱柱的一种。

棱镜：由透明材料制作成的、截面呈三角形的光学仪器。光学上横截面为三角形的透明体叫作三棱镜，光密媒质的棱镜放在光疏媒质中，入射到棱镜侧面的光线经棱镜折射后向棱镜底面偏折。白光是由各种单色光组成的复色光；同一种介质对不同色光的折射率不同，偏折角不同。因此，白色光通过三棱镜会将各单色光分开，形成红、橙、黄、绿、蓝、靛、紫七种色光，即色散。早在1666年，牛顿就在实验中发现了这一点。

棱锥：底面为多边形、其余的面为具有共同顶点的三角形的多面体。

棱角：原本是棱和角的合称，指物体上两个平面相交而形成的尖利部分；后引申为显露出来的锋芒，“棱角太露”意同“锋芒太露”。把棱角磨光了，就变得圆滑，而这磨的过程可看作是四边形向圆转化的过程。

“模棱两可”指人在处理问题时不明确表态，含糊其辞，不置可否。典故出自《旧唐书·苏味道传》：唐朝著名宰相苏味道，仕途顺利，官运亨通，但他在位时并没做出什么突出成绩。他老于世故，处事圆滑，常对人说：“处事不欲决断明白，若有错误，必贻咎谴，但摸稜（léng）（同‘棱’）以持两端可矣。”意思是：处理事情，不要决断得太清楚，要是这样处理错了，必会遭到追究和指责。只有模棱两可，才可左右逢源。于是，人们根据他这种为人处世的特点，给他取绰号为“苏模棱”。

此处的“棱”用的就是本意：一根方柱有四棱，“摸棱”就是说用手摸任何一棱皆可同时摸到方柱的两面。后人将其演化为“模棱”。了解“模棱两可”这个典故，也能在一定程度上感受到中华文化的博大精深。

山无棱还是山无陵？

《还珠格格》是非常火爆的连续剧，字幕上多次出现台词："山无棱，天地合，乃敢与君绝。"

粗看起来，山无棱也行，可解释为山没有了棱角。

但有人坚决反对，认为"山无棱"应该是"山无陵"才对，陵指山峰，意为高山变平地。理由是山没了棱角，对山来说并不是毁灭性的。很多山的形势平缓，并没有什么棱角。只有高山变平地，才能和天地合在一起的毁灭性程度相提并论。

此诗句出自《乐府诗集》，作者不详。原文是：

上邪！我欲与君相知，长命无绝衰！山无陵，江水为竭，冬雷阵阵，夏雨雪，天地合，乃敢与君绝！

译文：

上天呀！我渴望与你相知相惜，长存此心永不褪减。除非巍巍群山消逝不见，除非滔滔江水干涸枯竭，除非凛凛寒冬雷声翻滚，除非炎炎酷暑白雪翻飞，除非天地相交聚合连接，直到这样的事情全都发生时，我才敢将对你的情意抛弃决绝！

有些人很粗心，只看到最后一句中的"与君绝"，可能会以为这是在谈分手的事情，实则恰好相反。

我们知道，一个结论要建立在一些前提条件的基础上。没有前因，哪来后果。如果前提条件不成立，那么所作的一切推导都无从谈起。

也有人会挑刺，这五件事情难道就没有可能发生吗？譬如冬天打雷。

冬天确实有可能打雷，只不过可能性很低。假设某一天发生这件事情的可能性为 1/100，其余四件事情发生的可能性只会更低，不妨也设为 1/100，这五件事同时发生的可能性为 1/10 000 000 000，那么要多少年才可能发生这样的事情呢？简单计算为 $10^{10}/365\approx$

27 397 260,也就是两千多万年。

当然,这样的计算也不大科学。因为不是每一天都是冬天,而这五件事情也不是独立发生的,天地合必然会导致山无陵了。也许只有学数学的,才会这样去考虑问题。原诗作者想要表达的是,她的爱情直到天荒地老,海枯石烂,也坚贞不变。

与“棱”相近的还有“菱”。“菱”的本义为菱角。

2
生活中的数学

很多人都认为数学很重要，但同样有很多人害怕数学，甚至质疑：数学在生活中有什么用呢？

即使是每天和数学打交道的数学老师，不少都有困惑。有老师说："我除了教数学，还能干什么？"言下之意，他所学的数学，除了能用来教学、应付考试，毫无用处。

一个老师给学生讲数学的重要性。举例说，最近买房，是贷款20年划算还是贷款30年划算？是等额本息还款还是等额本金还款？考虑我的工资收入以及工资涨幅，还有通货膨胀，我算了好几天，觉得我省了不少。这时，有个学生说："我家里有五套房。"你和这个学生谈数学的重要性，他会告诉你房子的重要性。

国外的调研表明，大多数人认为在工作生活中用到的只是简单的小学数学。如果你不信，可以做一个实验。

假设有50个学生，100个家长。让这些家长回忆最近一星期的工作和生活用到了哪些数学知识，如四则运算、二次函数、三角函数、微积分等。你可以把从小学到大学的主要数学知识点列一下，让家长勾选。看看结果如何？

既然这么多人都对数学的有用性提出质疑，就要去想一想：为什么这么多人有这样的看法？事实上，这是因为大家将具体的数学知识和更抽象的数学思维混淆了。数学知识平时可能用得少，但数学思维时时影响着我们。

米山国藏有一段话，流传很广：

学生在学校学的数学知识，毕业后若没有什么机会用，一两年后很快就忘掉了。然而，不管他们从事什么工作，唯有深深铭刻在心中的数学的精神、思维方法、研究方法、推理方法和看问题的着眼点等随时随地发生作用，使他们终身受益。

我很赞同曹亮吉教授的一个观点：

学数学学什么？从实用性来说，算术以及一点点几何与代数。从考试角度来说，就是背诵套用公式，做各种计算。但如果换个角度看，万事万物无不隐藏数与形以及数与形的模式。把学习数学的眼界，从纯粹的数与形以及狭义的规则与定律，提升到隐藏于万事万物中的数与形，以及广义的规则与定律——模式。数学不再是枯燥抽象的，似乎很有用但不知用在哪里的知识。经过发现、转化、解题、沟通及评析等种种步骤，把数学与生活以及其他学习领域合在一起，数学才能变得具体而有用。

我个人的观点是：数学很重要，很有用。但不要勉强别人接受这一观点。试想一下，物理、化学、生物……这些学科就不重要了吗？世上重要的东西很多，但我们能掌握的有限，只能根据个人情况有所选择。

本书希望通过一个个案例让你感受到数学就在你身边。至于重要与否，由你自己去判断。

2.1 1元=1分？——数学中的大胆猜测

网络上流传这样一种通货膨胀的数学解释:1元=1分。

证明如下:1元=100分=10分×10分=0.1元×0.1元=0.01元=1分。

上述推导显然存在错误。众所周知,1元=100分=10分×10。

造成错误的原因是忽视了单位的计算。对单位运算的忽视导致一些网友明知上述推导有误,但说不清楚错在哪。

边长为1米的正方形面积为1米^2,如何计算得到呢?

正方形面积等于边长乘边长,即1米×1米=(1×1)(米×米)=1米^2。

从这个例子看出,单位也是要参与运算的。

譬如:知道1米=10分米,就可以推导1米^2=1米×1米=10分米×10分米=(10×10)(分米×分米)=100分米^2。这样米^{2}和分米^{2}之间的换算就比较清楚,无须死记硬背。

量纲是个物理概念,在数学中出现得较少。事实上,我们从小就开始接触了,上述推导就隐藏“量纲分析”的思想。

量纲是代表物理量性质的符号,是物理量广义的度量。任何一个物理量,不论选取什么度量单位,都具有相同的量纲。例如,米和厘米都是用来表示长度的单位,具有相同的量纲。

数学中,除了演绎推理,大胆猜测也很重要。猜测也要讲究技巧和方法,量纲分析就是需要掌握的一种基本方法。

例1 猜测棱台体积公式。

长方形面积：$S=ah$	三角形面积：$S=\frac{1}{2}ah$	梯形面积：$S=\frac{1}{2}(a+b)h$
棱柱体积：$V=Sh$	棱锥体积：$V=\frac{1}{3}Sh$	棱台体积：?

如猜测棱台体积公式为 $V=\frac{1}{2}(S_1+S_2)h$，当 $S_1=0$ 时，得棱锥的体积，不对。

如猜测棱台体积公式为 $V=\frac{1}{3}(S_1+S_2)h$，当 $S_1=S_2$ 时，得棱柱的体积，不对。

考虑棱锥和棱柱两种特殊情形，可猜测系数应该为$\frac{1}{3}$，高 h 为其中因子，棱台有两个底面而且这两个底面级别一样，可猜测棱台体积公式为 $V=\frac{1}{3}(S_1+\sqrt{S_1S_2}+S_2)h$。加上 $\sqrt{S_1S_2}$ 是考虑到括号里应该有 3 项，且量纲为面积。猜测之后验证，当 $S_1=0$ 时，得棱锥的体积；当 $S_1=S_2$ 时，得棱柱的体积。

例 2 猜测海伦公式。

由 SSS 定理可知，三角形三边确定，形状大小确定，面积就确定。我们可以这样猜测：

a、b、c 三边是对称的，所以出现的次数很可能是一样的。

当 a、b、c 有一个为 0 时，面积为 0；a、b、c 虽不为 0，但若两边之和等于第三边，则面积为 0。两种情况综合为：当 $a+b=c$，$b+c=a$，$c+a=b$ 时，面积为 0。

面积的量纲是线段长度的平方。

利用勾股定理求三边某一边上的高，在一般情况下求出来的面积是带有根号的。那么再用三角形的面积公式 $S=\frac{1}{2}ah$ 求出的面积仍然带有根号。

当 $a=b=c$ 时，面积为$\frac{\sqrt{3}}{4}a^2$。

如果式子中含有 $a+b-c$、$a-b+c$、$-a+b+c$ 三个因子，那么很可能还含有 $a+b+c$ 这一因子。这样四个因子是四次方，开方之后是二次方。

猜测公式为 $S=k\sqrt{(a+b+c)(a+b-c)(a-b+c)(-a+b+c)}$，当 $a=b=c$ 时，面积为$\frac{\sqrt{3}}{4}a^2$，求得 $k=\frac{1}{4}$。

例 3　猜测三角形面积公式 $S=\frac{abc}{4R}$。

三角形面积公式有多个，只能猜测出特征明显、对称性强的少数情况。譬如，根据直角三角形面积公式 $S=\frac{1}{2}ab$，有理由猜测一般三角形面积公式中可能会出现$\frac{1}{2}ab$、$\frac{1}{2}bc$、$\frac{1}{2}ca$ 这样的形式，更有可能出现$\frac{1}{2}abc$，因为三边是对称的，而当 a、b、c 有一个为 0 时，面积为 0。根据量纲分析，abc 是三次方，需要减少一次。考虑特殊情形，三角形为直角三角形，内接于圆，斜边 $c=2R$，$S=\frac{1}{2}ab$。猜测三角形的面积公式为 $S=\frac{1}{2}\frac{abc}{2R}=\frac{abc}{4R}$。

例 4　猜测余弦定理。

对于直角三角形，存在勾股定理：$c^2=a^2+b^2$。

当三角形是锐角三角形时，$c^2<a^2+b^2$。

当三角形是钝角三角形且 c 为最大边时，$c^2>a^2+b^2$。

是否可寻找一个 M，使得 $c^2+M=a^2+b^2$？

这个 M 应该满足：当$\angle C$ 为锐角时，$M>0$；当$\angle C$ 为直角时，$M=0$；当$\angle C$ 为钝角时，$M<0$。猜测 M 中含有因子 $\cos C$。

而当 B、C 两点重合时，$a=0$，$c=b$，可猜测 M 中含有因子 a。根据对称性，可猜测 M 中含有因子 b。

那是不是 $M=ab\cos C$ 呢？当三角形为等边三角形时，会出现问题。于是修正为 $M=2ab\cos C$，从而猜测：$c^2+2ab\cos C=a^2+b^2$。

例 5 猜测点(x_0,y_0)到直线 $Ax+By+C=0$ 的距离表达式$\dfrac{|Ax_0+By_0+C|}{\sqrt{A^2+B^2}}$。

直线的存在要求 A 和 B 不能同时为 0，常见的表达式就是 $A^2+B^2\neq 0$，或者说 A^2+B^2 不能出现在分母位置。

当点(x_0,y_0)十分靠近直线时，尽管靠近的方式多种多样，但不管哪种方式，距离都趋向于 0，距离公式中很有可能含有 $Ax+By+C$ 这一表达式。

距离要求是非负的，距离公式中很有可能有绝对值、开方、平方等。

当 $A=0$ 时，$y=-\dfrac{C}{B}$，距离为$\left|y_0+\dfrac{C}{B}\right|=\left|\dfrac{By_0+C}{B}\right|$；当 $B=0$ 时，$x=-\dfrac{C}{A}$，距离为$\left|x_0+\dfrac{C}{A}\right|=\left|\dfrac{Ax_0+C}{A}\right|$。

综合上述情况可猜测：点(x_0,y_0)到直线 $Ax+By+C=0$ 的距离为$\dfrac{|Ax_0+By_0+C|}{\sqrt{A^2+B^2}}$。

由直线 $Ax+By+C=0$，$Ax+By+C'=0$，$ax+by+c=0$，$ax+by+c'=0$ 围成一平行四边形，试计算其面积。

当 $C=C'$或 $c=c'$时，平行四边形面积为 0，因此面积表达式中应该有$|C-C'|\cdot|c-c'|$这样的因式。加上绝对值的原因是 C

和 C'、c 和 c' 不区分大小。如果四条直线都平行，面积趋向无穷，此时 $\frac{B}{A}=\frac{b}{a}$，即 $|Ab-aB|$ 应该出现在表达式的分母位置。猜测面积表达式为 $\frac{|C-C'|\cdot|c-c'|}{|Ab-aB|}$。

实际计算是 $Ax+By+C=0$ 和 $Ax+By+C'=0$ 的距离为 $\frac{|C-C'|}{\sqrt{A^2+B^2}}$。$Ax+By+C=0$ 被 $ax+by+c=0$ 和 $ax+by+c'=0$ 两直线截得的距离是 $\frac{\sqrt{A^2+B^2}\,|c-c'|}{|Ab-aB|}$。所以平行四边形面积为 $\frac{|C-C'|}{\sqrt{A^2+B^2}}\times\frac{\sqrt{A^2+B^2}\,|c-c'|}{|Ab-aB|}=\frac{|C-C'|\cdot|c-c'|}{|Ab-aB|}$。

例 6　猜测 $\triangle ABC$ 的角平分线的公式。

猜测 1：由 SAS 定理可知，若已知 b、$\angle A$、c，足以确定三角形，那么角平分线 AD 的长度也随之确定。

考虑等腰三角形，$AD=b\cos\frac{A}{2}$。公式中出现 b，根据 b，c 的对称性，也会出现 c，而 $bc\cos\frac{A}{2}$ 是二次式，需要降低一次，要除以一个关于 b、c 的表达式，猜测表达式为 $\frac{b+c}{2}$。至此猜测出 $AD=\frac{2bc}{b+c}\cos\frac{A}{2}$。

换个角度思考，当 b 或 c 为 0 时，$AD=0$，这说明 AD 的表达式中含有 bc 这样的因子。当 $\angle A$ 接近 180° 时，AD 接近 0，考虑到这是角平分线问题，容易猜测 AD 的表达式中含有 $bc\cos\frac{A}{2}$ 这样的因子。接下去就是降次。

猜测 2：由 SSS 定理可知，若已知 a、b、c，足以确定三角形，那

么角平分线 AD 的长度也随之确定。

当 b 或 c 为 0 时，$AD=0$，这说明 AD 的表达式中含有 bc 这样的因子。当 $\angle A$ 接近 $180°$ 时，AD 接近 0，此时 $b+c-a$ 趋向于 0。AD 的表达式中含有 $bc(b+c-a)$ 这样的因子。这是三次式，而线段表达式只能是一次式，所以需要降次或者先升后降。考虑到对称性，可猜测增加 $b+c+a$ 这一因式。当 a 接近 0 时，$AD=b=c$。由于表达式的次数已经是四次，开方之后还可通过除法来降次。最后可猜得 $AD=\frac{1}{b+c}\sqrt{bc(b+c+a)(b+c-a)}$。

实际求解角平分线长，可用 $S_{\triangle ABC}=S_{\triangle ABD}+S_{\triangle BCD}$ 来列出方程，其中 $S_{\triangle ABC}=\frac{1}{2}bc\sin A$，结合倍角公式和余弦定理来求解。

例 7 如图，设 $\triangle ABC$ 三边分别为 a、b、c，P 为三角形内部一点，过 P 作三边的平行线分别交各边于 D、E、F、G、H、I。如果 $DE=FG=HI$，求 DE。

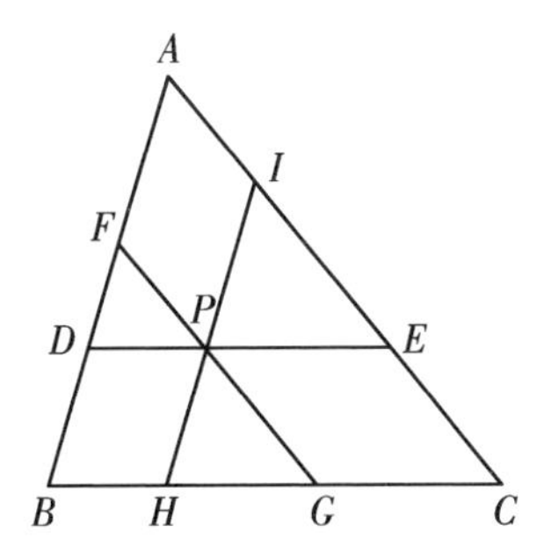

假设 $\triangle ABC$ 是等边三角形，则点 P 是重心，$DE=\frac{2}{3}a$。根据对称性和量纲原则，猜想结果可能为：$DE=\frac{2}{3}\frac{a+b+c}{3}$，$\frac{2abc}{a^2+b^2+c^2}$，$\frac{2abc}{ab+bc+ca}$。当然，分子 abc 也可用 $\frac{ab^2+bc^2+ca^2}{3}$ 来代替，但这种形

式较复杂，此题为线段比例问题，出现这种答案的可能性较小。

排除 $DE=\frac{2}{3}\frac{a+b+c}{3}$，原因是当 AB 非常短时 DE 应该很小，而不是 $DE=\frac{2}{3}\frac{a+b}{3}$。

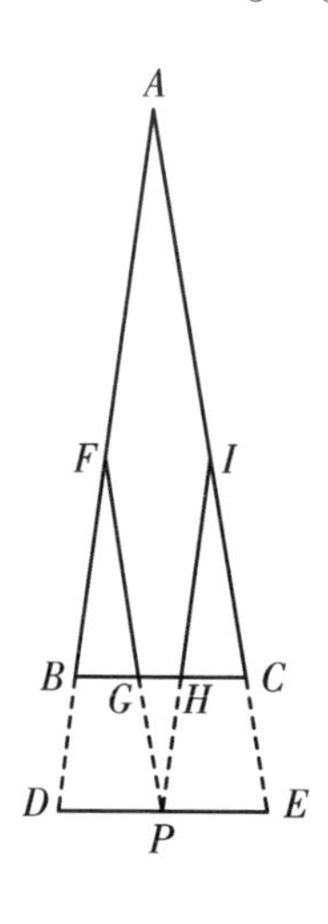

至于 $DE=\frac{2abc}{a^2+b^2+c^2}$，$\frac{2abc}{ab+bc+ca}$，我倾向于后者。构造一个 $a=1,b=c=100$ 的三角形，则 $DE=\frac{2abc}{a^2+b^2+c^2}\approx 1\approx a$，$DE=\frac{2abc}{ab+bc+ca}\approx 2>a$。似乎 $DE<a$ 更合理，其实不然，因为此时点 P 必须在三角形外部才能满足条件。

上述分析看似不短，实则瞬间完成。可加深理解：并不是对任意三角形，内部都存在点 P 使得 $DE=FG=HI$。可以考虑将条件改为：点 P 是$\triangle ABC$ 平面上一点。

例 8 证明：已知 a、b、c 为不相等的有理数，求证 $\frac{1}{(a-b)^2}+\frac{1}{(b-c)^2}+\frac{1}{(c-a)^2}$ 可写成某有理数的平方。

当 $a\to\infty$ 时，$\frac{1}{(a-b)^2}+\frac{1}{(b-c)^2}+\frac{1}{(c-a)^2}\to\left(\frac{1}{b-c}\right)^2$。根据对称性，猜测 $\frac{1}{(a-b)^2}+\frac{1}{(b-c)^2}+\frac{1}{(c-a)^2}=\left(\frac{1}{a-b}+\frac{1}{b-c}+\frac{1}{c-a}\right)^2$。

而 $\frac{1}{a-b}\frac{1}{b-c}+\frac{1}{b-c}\frac{1}{c-a}+\frac{1}{c-a}\frac{1}{a-b}=\frac{c-a+a-b+b-c}{(a-b)(b-c)(c-a)}=0$，所以 $\frac{1}{(a-b)^2}+\frac{1}{(b-c)^2}+\frac{1}{(c-a)^2}=\left(\frac{1}{a-b}+\frac{1}{b-c}+\frac{1}{c-a}\right)^2$ 成立。

也许有人会质疑:你怎么猜得这么准?肯定先知道答案,然后返回来找理由。依我之见,即使知道了答案,再按照上述的分析把这个公式想一遍,对公式的认识也会加深,记忆起来也更加容易,不至于死记硬背。

在以上案例中,我们使用了量纲分析、合情推理、特殊化处理等多种手段,这使得猜测的可信度较高。如果能综合利用更多的手段,猜测的准确性会提高,猜测需要花费的时间也会减少。

我们很难想象当年费马怎么会想起研究 $2^{2^n}+1$ 这样的数,也很难想象时隔 100 多年,高斯会将形如 $2^{2^n}+1$ 这样的数与几何作图联系起来,并彻底解决了用尺规作正多边形的问题。

数学需要联想,需要猜测。数学猜测是根据已知数学条件的数学原理对未知的量及其关系的似真推断。它既有逻辑的成分,又含有非逻辑的成分,因此它具有一定的科学性和很大程度的假定性。这样的假定性命题是否正确,尚需验证或论证。虽然数学猜想的结论不一定正确,但它作为一种创造性的思维活动,是科学发现的一种重要方法。牛顿就说过:没有伟大的猜测,就不会有伟大的发现。

2.2 类比不当和条件冗余

类比就是由两个对象的某些相同或相似的性质推断它们在其他性质上也有可能相同或相似的一种推理形式。类比是一种主观的不充分的似真推理,因此要确认其猜想的正确性,还需经过严格的逻辑论证。

某明星代言减肥茶,被消费者举报减肥茶无效,还被央视“3·15 晚会”曝光,认定为虚假广告。

该明星对此不服,提出多条反驳意见,其中一条如下:

有人质疑广告上写着迅速抹平大肚子,说不灵。呵,这是矫情。方便面袋上印着大虾肉块,也没见人上方便面厂上吊去。藏秘排油广告画上还有四个藏族姑娘呢,您也要?

这里用的是类比推理,最后推出"买减肥茶还送姑娘"这样荒谬的结论。听起来是挺逗的,细一分析,逻辑上大有问题。

减肥茶的核心价值是"迅速抹平大肚子"。失去了"减肥"这个核心价值,减肥茶就毫无意义。

方便面的核心内容是面,袋上印着的大虾肉块则只是辅料,没了辅料或者辅料缩了水,方便面的核心内容还是在的。

至于藏秘排油广告画上还有四个藏族姑娘,这四个姑娘不是商品的核心内容,甚至连商品的组成部分都不是,只能算一个背景罢了。

所以该明星这样的类比是不恰当的。

再看下面一段话:

人生在世要做到"四行":① 自己要行;② 要有人说你行;③ 说你行的人得行;④ 身体要行。

这其中有明显的逻辑问题。前 3 个"行",自成体系。而第 4 个"行"则显得画蛇添足。①和④是包含关系,两者并不矛盾,只是显得冗余。

公理系统有三个要求:相容性、独立性和完备性。

相容性是指从公理出发,推不出矛盾来。这是最重要的。

独立性是指一个公理不能从另几个公理推出来。但这个公理并不是那么重要。很多时候我们给出了一个定理,还会给出一个推论,此时的推论和原定理就不是相互独立的。但为什么还要给出推论,这是因为在某些时候这个推论用起来更加方便。所以上段话在独立性方面栽了跟头,并不能算是完全错误。甚至还可以理解成上段话想强调"身体行"的重要性。

完备性是指一个公理系统中每个命题都可以被证明,或者可以被否定。是不是人做到"四行"就一定能成功呢?难说。因为并没有论证该公理系统的完备性,所以上段话只能看作是个人看法,而不能看作是走向成功的保证。

有本书的序有如下一段文字:

在选题的时候,每一道题都经过了数学老师们的衡量,普遍具有以下5个特点:

(1) 每年必考的知识点;

(2) 重复考查的高频率知识点;

(3) 易错、易混淆的相似知识点;

(4) 令人"不理解"的中等难度知识点;

(5) 贯穿小、初、高,甚至大学还要用到的解题思想。

显然(1)是被(2)包含的。每道题都具有"5个特点",应该改成"4个特点"。

某校园海报有如下一段文字:

1. 之前不独立也罢了,现在该自己一个人走了;
2. 比起考试,学会自学要重要得多;
3. 学会像父母关心我们一样关心他们;
4. 至少应该有一种兴趣,这样心灵才不会寂寞;
5. 葆有一份纯真比学习人情世故更重要;
6. 学会一项能谋生的手艺,不要等到毕业再抱怨;
7. 至少应该恋爱一次,无论成败;
8. 开始关心社会,因为你很快会深陷其中。

我认为上段文字中第1条"自己一个人走"和第7条"至少应该恋爱一次"是自相矛盾的。

巴黎有一座教堂年久失修、残破不全。请来商量的建筑师极力主张重建一座新的。长老会得悉上述报告后，主席说他完全同意，并乐意提出以下三项必要的提案：

1. 建新的教堂——一致通过。
2. 新教堂建成之前，暂用旧教堂——一致通过。
3. 用旧教堂的砖石砌新教堂——又一致通过。

第 2 条和第 3 条就是自相矛盾的。

2.3 和成绩好的玩，是对称结构还是序结构？

我小学的时候，成绩不错。班上很多同学都很喜欢跟我玩。有一次我去同学家玩，他妈妈很高兴，留我吃饭，还和他儿子说，以后要和我在一起玩，多向我学习，不要和成绩差的玩。

这是不是个例呢？我想不是。在中小学评价一个人主要就是看他的学习成绩。随手一搜，就看到一位妈妈的发帖求助：

我儿子现在上初二，成绩在班里是中上，喜欢和学习成绩不好的同学玩。我让他和学习成绩好的同学玩，学习他们好的学习方法和钻研精神。他说和学习成绩好的同学没有共同语言，我真担心这样他会变坏。我该怎么办呢？

从数学角度分析这个案例，很有意思。

A 和 B 在一起玩，这也意味着 B 和 A 在一起玩。这说明一起玩是一种对称关系。就像 A 和 B 是同学，B 和 A 必然也是同学一样。这里的同学也是一种对称关系。

但如果按照家长的要求，则是另外一番景象。

假设将同学们的成绩排序为 A＞B＞C＞D…。那么 A 找不到比他成绩更好的同学，他就不能和其他同学玩。而 B 有一个选择对象 A,这个玩伴是 B 的家长认可的,但 B 并不是 A 的家长认可的玩伴,于是 B 也没有玩伴了。试想一下,你希望和比自己成绩好的玩,那么成绩好的想和你玩吗?以此类推,同学们都只能各玩各的了。

本来一起玩耍是件很开心的事情。但由于家长的干预,原来的对称关系与序关系发生冲突,同学们只能各玩各的。

幸好,好玩是小孩子的天性,并不完全受家长控制。正如发帖求助妈妈的小孩,他就不喜欢和成绩好的玩,这就导致了多样性。

最后讲一个笑话:

妈妈对儿子说:"强强成绩不好,你不能和他玩。"

儿子问:"妈妈,那我成绩好吗?"

妈妈说:"当然好啦。"

儿子高兴地说:"那强强就可以跟我玩了。"

说明:数学研究的对象慢慢地显露出了它的轮廓。它研究结构——从不同的系统中抽象出来的共同结构。

首先是集合。集合好像是一片空地、一张白纸、一群没有分派角色的演员。

一旦在集合的元素之间引进一些关系,集合的元素就有了自己的个性,根据关系的性质,集合上开始出现结构。

序结构是指集合中某些元素之间有先后顺序关系。数的大小关系、生物的亲子关系、类的包含关系都是序关系。

2.4 "明天从今夜开始"之我见

工作了一天,晚上还在挑灯夜战。

有人问我:干吗要把弦绷得这么紧?

我的回答是:一定要抓住今夜,因为明天从今夜开始。

这是顾泠沅先生的名言。

抓住晚上的时间学习、工作，正是古人强调的“三余”读书。

陈寿的《三国志·魏志·董遇传》讲到一个故事：

> 有人请教董遇，我没有时间读书怎么办？
>
> 董遇说：应当用三余时间。
>
> 三余是什么？
>
> 董遇回答：冬者岁之余，夜者日之余，阴雨者时之余。

意思是：冬天没农活是一年里的空闲时间，夜间不便下地干活是一天里的空闲时间，阴雨天无法干活也是一种空闲时间。

有意思的是顾先生的解释——“因为明天从今夜开始”。

时间流逝，如川流不息，好比周期函数，日复一日，循环往复。

何谓一日，何谓开始？只不过人为定义。

譬如正弦函数，习惯认为 $2k\pi$ 到 $2(k+1)\pi$ 为一周期。其实，k 一定要取整数吗？往前或往后推一步，又有何妨？

将今夜看作是明天的开始，可认为顾先生打破常规，将一天这个周期重新定义了起始位置。

但问题是：这样是不是更有效了呢？

将夜晚看作是头一天的尾还是看作第二天的头，时间还是那么多，本质不变。

按照常规，将晚上看作是今天的尾巴，即将逝去的时光特别宝贵，更值得珍惜，不也挺好吗？

想起朝三暮四的故事，早上三晚上四或者早上四晚上三不过是简单的交换律，猴子的口粮并没有因此增加。

2.5 负数与算错了3元钱

复杂问题常需要分情况讨论。如果总是从多种情况选择一种,以偏概全,有时难免出差错,闹笑话。

一位顾客走进商店说:“今天早上我买东西,您找钱时算错了3元钱。”

营业员很不高兴:“那您当时为什么不说?现在晚了。你没看到这个牌子吗?——货款当面点清,离柜概不负责!”

顾客说:“那好,我就只得收下这3元钱了。”

算错了3元钱,用数学的表示方式就是正确数目加或减3元,存在两种可能。而营业员心里总认为顾客是来要回少给的3元钱的,想当然地将两种情况默认为一种情况。

此时营业员面临两种选择:要么向顾客道歉,返回3元钱;要么顾客走人,自己垫付3元钱。这两种选择都不是太好,如果开始时说话客气一点,问清楚,就没有后面的尴尬了。

这个故事告诉我们,遇到问题要稳重,考虑全面,而不是自以为是,急急忙忙下结论。

2.6 全集、补集、并集、交集的生活故事

包含了所要研究的全部元素的集合称为全集,记作U。

设S是一个集合,A是S的一个子集,由S中所有不属于A的元素组成的集合,称为子集A在S中的补集。

由所有属于A或属于B的元素组成的集合,称为A与B

的并集，记作 $A \cup B$（读作"A 并 B"），即 $A \cup B = \{x | x \in A$ 或 $x \in B\}$。

由所有属于 A 且属于 B 的元素组成的集合，称为 A 与 B 的交集，记作 $A \cap B$（读作"A 交 B"），即 $A \cap B = \{x | x \in A$ 且 $x \in B\}$。

全集相当于框定了研究范围，补集是一个相对概念，相对于相应的全集而言。如在整数范围内研究问题，则 **Z** 为全集，而当问题拓展到实数集时 **R** 为全集，补集也只是相对于此而言。如不注意这一点，就可能弄出笑话。

化学课上，老师讲金属元素、非金属元素。一位同学开了小差，老师提问他："什么是非金属元素？"他站起来，傻了眼，但他灵机一动，脱口而出："黑板是非金属元素。"引起哄堂大笑。

如果依照字面解释，将非金属元素理解为"不是金属元素"，这位同学的回答是没问题的。之所以大家会笑，是因为老师这节课讲的是金属元素、非金属元素，也就是将讨论范围（全集）定义在元素。非金属元素应该指不具有金属元素属性的那部分元素。而这位同学的回答则是以广义的物为研究范围。"全集"搞错了，讨论的基础不一致，"补集"自然就出问题，难免答非所问。

一个初中生拿了一本高中自学教材在看。在考试中考到一元二次方程求解，答案应该是：$\Delta < 0$，方程无解。而他则答：此方程有复数解……结果自然是没分的，因为初中数学定义的讨论范围是实数，高中才扩展到复数。

"老弱病残"泛指弱势群体。老指老人；弱指弱小的幼童；病指病人；残指残疾人。

从集合角度看，"老弱病残"代表了 4 类人群，这 4 类人是一种并集关系。老人家容易生病，于是"老"和"病"常常存在交集。在一些公共交通上，常注明"老弱病残专座"，那么只需要满足老、弱、病、残这四个标准之一即可，无须全部满足。如果将"老弱病残”理解成交集关系，那么符合条件的人就很少了。特别是出于对女性的尊重，将“老弱病残”扩展为“老弱病残孕及抱小孩的”，若还用交集去理解，那就闹笑话了：六七十岁的老人，生了病，残疾了，怀着孕，还抱着小孩……这会是什么样的情景？

有一幅漫画，讲的是一个年纪轻轻的人，为了抢专座，不惜挂个招牌，自称“不孕有病”。这“不孕有病”是啥好事吗？不过从逻辑上来说，她确实符合“病”这一条，专座却也能坐。

“多快好省”是被商家广泛使用的标准，其意义为：数量多，速度快，质量好，成本省。

从集合的角度来看，“多快好省”是4个标准，4条标准之间是交集关系，需要全部满足。譬如，一家电商仅仅做到“多快好省”中的部分标准是不够的，需要4个标准全部做到才能吸引消费者。譬如，某电商货品种类多，送货也快，价格也便宜，但货的质量不行，这就不行。

“老弱病残”和“多快好省”看似都是四字并联，但逻辑关系完全不同，需要注意。

2.7 生活中的分类

一位小学老师求助：讲解三角形分类时，学生不明白为什么有时按角分类，有时按边分类。

原因很简单：根据需要。

譬如，实数通常分为正数、负数、零，但有时却分为负数与非负数，这也是为了满足不同情况的需要。讨论平方根（初中）时，正数、负数、零分别对应着2个、0个、1个平方根；讨论绝对值时，负数的绝对值是其相反数，非负数的绝对值是其本身。不同划分方式使得问题简单。

不单数学分类是根据需要，生活中也是如此。网络上有一则《巧卖辣椒》的故事很有意思：

卖辣椒的人，恐怕都会经常碰到这样一个非常经典的问题，那就是不断会有买主问："你这辣椒辣吗？"不好回答——答辣吧，也许买辣椒的人是个怕辣的，立马走人；答不辣吧，也许买辣椒的人是个喜吃辣的，生意还是做不成。当然有解决的办法，那就是把辣椒分成两堆，吃辣的与不吃辣的各取所需。这是书上说的。

有一天没事，我就站在一个卖辣椒的三轮车旁，看摊主是怎样解决这个难题的。趁着眼前没有买主，我自作聪明地对她说："你把辣椒分成两堆吧。"没想到卖辣椒的妇女对我笑了笑，轻声说："用不着！"

说着就来了一个买主，问的果然是那句老话："辣椒辣吗？"卖辣椒的妇女很肯定地告诉他："颜色深的辣，颜色浅的不辣！"买主信以为真，挑好后满意地走了。也不知今天是怎么回事，大部分人都是买不辣的，不一会儿，颜色浅的辣椒就所剩无几了。

我于是又说："把剩下的辣椒分成两堆吧，不然就不好卖了！"然而，她仍是笑着摇摇头，说："用不着！"又一个买主来了。卖辣椒的妇女看了一眼自己的辣椒，答道："长的辣，短的不辣！"买主依照她说的挑起来。这一轮的结果是，长辣椒很快告罄。

看着剩下的都是深颜色的短辣椒，我没有再说话，心里想，这回看你还有什么说法。没想到，当又一个买主问时，卖辣椒的妇女信心十足地回答："硬皮的辣，软皮的不辣！"我暗暗佩服，可不是嘛，被太阳晒了半天，确实有很多辣椒因失去水分而变得软绵绵的了。

卖辣椒的妇女卖完辣椒，临走时对我说："你说的那个办法卖辣椒的人都知道，而我的办法只有我自己知道！"

这则故事确实有意思，但经不起推敲。这位卖家确实根据需要(尽快卖出)对辣椒进行了分类,但她的分类标准存在一些问题。颜色深的、长的、硬的,就真的辣吗?颜色介于深、浅之间的是辣还是不辣?长的、软的和短的、硬的相比,哪个更辣?分类标准过于随意。

所以,要找一个有意思又符合数学本质的案例是不容易的。看看下面这个如何:

某日解缙与朱元璋在御花园的池塘钓鱼。解缙技术好,接连钓了几条大鱼,而皇上钓了半天,一无所获,甚为尴尬郁闷。解缙道:“皇上,你没发现鱼也如此知礼节吗?”皇上问:“此话怎讲?”解缙道:“有诗为证:数尺丝纶入水中,金钩抛去荡无踪。凡鱼不敢朝天子,万岁君王只钓龙。”朱元璋龙颜大悦:“原来如此!”

在钓鱼的场合,可将人分为钓到鱼的和没钓到鱼的。但解缙为了化解尴尬,当然不能这样分,而是将人分为君与臣。这样不仅解释了朱元璋钓不到鱼的原因,还暗自拍了马屁。

父亲:“孩子,你知道吗,人们是凭什么来判断母鸡的年龄的?”

儿子:“牙齿。”

父亲:“但是,母鸡并没有长牙齿呀!”

儿子:“母鸡没有牙齿,可是我有。如果母鸡的肉很嫩,说明母鸡年龄很小;如果咬不烂,那就一定是老母鸡。”

这则笑话其实也涉及划分。父亲是将母鸡分为老母鸡和小母鸡,然后问儿子如何判断老母鸡的年龄。而儿子则先把母鸡分为活母鸡和煮熟的母鸡,然后又把熟母鸡分为老母鸡和小母鸡,然后再用自己的牙齿辨别。(鸡属于鸟类中的陆禽,因为鸟类为了适应空中飞行的生活,所以牙齿已经退化。)

2.8 排序的清楚与模糊

我们入校的第一天，老师就要安排座位。常见的方式是男女各站一队，按身高排序，个子矮的坐前面，个子高的坐后面。而有些班级，考试后，老师会按照考试成绩给大家排序。之后，升学、求职都要排序，只录取前多少名。人生是离不开排序的。

排序的目的是改变原来乱糟糟的局面，使无序变得有序，使之清楚明白。譬如升学，若不用考试成绩排序，在好学校有限的情况下，学校如何招生？

排序是按照一定规则进行的。如果不守规矩，胡乱排序，这样的排序是不受认可的。譬如，近年来一些高校自己贴出一些所谓的高校排行榜，由于指标体系不科学，有较强的倾向性，没有得到大家的认可。

近些年还有一种现象很有意思，它遵照排序的规则，但对序列的名字作了修改。

一场比赛下来，根据成绩好坏，分出一、二、三等奖，其他人一看就知道哪个队更厉害。这就是排序的作用，使大家更清楚各队的实力。但此时有个问题，那个得三等奖的队可能觉得有点不好看，提议能否换个名字，将一、二、三等奖改成最高奖、特等奖、一等奖。对于这个提议，相信二等奖得主也会大力支持，而一等奖得主也不大好意思反对，反正自己是最高奖，还是最厉害，也不吃亏。于是换个名称，皆大欢喜。

这样改名并没有破坏排序规则，逻辑上没问题。但改名之后让原本清清楚楚的排名变得有点模糊。你以为一等奖得主最厉害吧，殊不知前面还有最高奖、特等奖，实际是最末等的。

这种现象非常普遍。不知从何时起，影视剧出现了“领衔主演”，而原来的二号、三号也顺理成章升级为“主演”。连一些露脸不多的客串，也名列“联名主演”“友情主演”之中。这样排序在逻辑上没问题，但“主演”二字身价一落千丈。为什么会出现这种情况？因为没人愿意当配角。

很多时候，我们都希望排名在前。人的阅读习惯是从上到下、从左到右（左优于右、上优于下，且“上优于下”优于“左优于右”）。可惜第一只有一个。为了解决这一矛盾，人们想出了很多办法，譬如按姓名拼音首字母排列，按姓名笔画数排列等。这些方法在一定程度上是有效的，但也经不起推敲。如果按照笔画数从少到多的原则，“王”应该排在“李”前面，而若按拼音，“李”要排在“王”前面。看似公平的排序规则，其实也暗含玄机，容易被人因需要而选用。

那干脆宣布“排名不分先后”不就得了。但问题是，尽管你作了声明，事实上你写这些名字时还是会有先后顺序。这确实为难人。

从数学角度来看，阅读习惯规则是一种线性排列，看似排在一个平面上，实际上可以排在一条线上。线性排列一定存在先后。

但如果从非线性角度思考，譬如圆是非线性的图形，闭合回路无头无尾，就多一些变化，多一些趣味。

譬如“可以清心也”五字，若是线性排列，显得有点单调无趣。而若将它们写在一个圆上，则内涵顿时变得丰富，变成循环可读的回文句子：一曰“可以清心也”；二曰“以清心也可”；三曰“清心也可以”；四曰“也可以清心”；五曰“心也可以清”。

2.9 是脑筋急转弯还是数学思想方法?

有些题目以脑筋急转弯的面貌出现,但从数学角度思考更清楚一些。下面我们就用组合的思想去解决两个问题。

煮一个鸡蛋要15分钟,现在用两个计时器,一个是7分钟,另一个是11分钟,问最简单的定时方法是什么?

只用一个计时器显然不行。那该如何组合呢?假设7分钟的计时器用 x 次,11分钟的计时器用 y 次,需要计时15分钟,可列方程 $7x+11y=15$,转化成方程就好下手多了,容易看出 $x=-1$, $y=2$。

也许有人会质疑:x、y 不要求为非负整数吗?怎么可能为负!$x=-1$,$y=2$ 作为 $7x+11y=15$ 的一组解肯定是没问题的,下面我们给出实际意义上的解释。同时启用两个计时器,7分钟计时器走完时开始煮蛋,那么当11分钟计时器走完时,鸡蛋已经煮了4分钟,再次启动11分钟计时器,则可煮熟鸡蛋。

细心的朋友可能注意到:题目问的是“最简单的定时方法”,那是不是意味着还有复杂一点的定时方法呢?这就归结于求 $7x+11y=15$ 整数解的问题了。显然 $x=-12$,$y=9$ 和 $x=21$,$y=-12$ 也满足条件。前者的实际意义是同时启动两个计时器,走完之后马上重新开启,当7分钟计时器使用12次之后开始煮鸡蛋,11分钟计时器使用9次后鸡蛋煮熟。

一些书上记录的此类问题是用沙漏代替计时器,还特别注明在古代没钟表时确实有人这样计时。而在中国古代除了用沙漏,也用燃香来计时。

两根一样的香都需要1小时燃完。怎样用这两根香确定45分钟?

首先分析:一根香能做什么?显然能确定60分钟。其实此题还蕴含一个条件,就是允许在香的两头同时点燃,这样一根香还能确定30分钟。而要求的是45分钟,容易想到:(60+30)/2=45。

这可解释为:两根香同时点燃,其中一根点燃一头,另一根点燃两头,两头点燃的香燃完需要30分钟,此时点燃一头的那根也燃了30分钟,再把它的另一头也点着,燃完需要15分钟。

生活中不少问题是很难的。譬如你想办成某件事,可能需要拐很多弯,找很多人才能办成,过程充满不确定性。而数学问题则简单得多,题目条件都是明确告诉你的,就让你在这些要求下解题,我们只要充分利用这些条件就行了。

问题是不是就此解决了呢?

没有,至少解决得不是很完美。

题目问的是"最简单的定时方法",我们给出的方法确实是简单的,容易想到,容易操作,但却不是最省时的方法,因为花费22分钟才测量出所需要的15分钟,这其中的时差7分钟到底是不可避免的损耗还是可以想办法节约的?

如果我们将数学式11×2−7=15变形为11+7−(7×2−11)=15,形式上看起来更复杂,但却是能节约时间的。

实际操作:

① 两个沙漏同时开始计时,7分钟的沙漏漏完后把它翻转过来。此时11分钟沙漏还剩4分钟。(到此共花费7分钟。)

② 11分钟沙漏漏完后再把7分钟沙漏翻过来,本来7分钟沙漏还剩3分钟,翻过来后还剩4分钟。(到此共花费11分钟。)

③ 等7分钟沙漏漏完就得到了所需要的15分钟。

这种操作方案没有一分钟的浪费,想快点吃鸡蛋的朋友可以采纳，虽然操作起来要复杂一点。

此题常作为趣味题出现，也可以在课堂教学中讲讲。笛卡儿设想将任何问题转化为数学问题，然后转化为代数问题，再化为单个方程的求解。这就是一个很好的例子。而之后的恒等变形也很有意思，看似变繁，实则化简。

如何用 4 分钟和 7 分钟沙漏测量 9 分钟？

（提示：$4\times4-7=9$。）

$4\times4-7=9$ 变形为 $7+(4-(7-4))+7-(7-(4-(7-4))=9$。

实际操作：

① 两个沙漏同时开始计时，4 分钟的沙漏漏完后把它翻过来。（到此共花费 4 分钟。）

② 7 分钟沙漏漏完后把它翻过来，此时 4 分钟沙漏还剩 1 分钟。（到此共花费 7 分钟。）

③ 4 分钟沙漏漏完将 7 分钟沙漏翻过来，此时 7 分钟沙漏还剩 6 分钟，翻过来还剩 1 分钟。（到此共花费 8 分钟。）

④ 等 7 分钟沙漏漏完就得到了所需要的 9 分钟。

2.10　分苹果引发的分配律

有两个同学来小西家玩，拿什么招待两位朋友呢？小西发现家里刚好还有两个苹果，可问题是这两个苹果一个大一个小，明显相差很多。两个都是朋友，厚此薄彼不是待客之道。如果从大苹果上切一部分下来补偿给那个拿小苹果的人，好像也不合适。

突然小西想到可以把每个苹果对分，因为苹果差不多是对称的形状，所以两位同学一人吃两份“半个苹果”就好了。

没想明白？那看看下面这个图吧：

$\frac{1}{2}$(○+◯)=$\frac{1}{2}$○+$\frac{1}{2}$◯=◗+◗

这其实就是分配律在生活中的应用了。再举个例子，张叔叔每个月的工资是 2500 元，李叔叔每个月的工资是 2300 元，那么一年下来张叔叔比李叔叔的工资多多少呢？

从问题来看，要用张叔叔的一年工资总额减去李叔叔的一年工资总额，也就是 $2500\times12-2300\times12$。如果你想快速算出结果，使用分配律是很有效的，$2500\times12-2300\times12=(2500-2300)\times12=200\times12=2400$。

使用分配律，绝不仅仅是为了使运算简单。有时，分配律与几何图形结合起来还会产生新的意义。

譬如在计算梯形面积的时候，通常是将两个梯形拼成一个平行四边形。按照这种理解，梯形面积公式为 $S=\frac{1}{2}(a+b)h=\frac{(a+b)h}{2}$。而利用梯形的对角线分割的方式会更简单，这其实也是用了分配律：$S=\frac{1}{2}(a+b)h=\frac{1}{2}ah+\frac{1}{2}bh$。

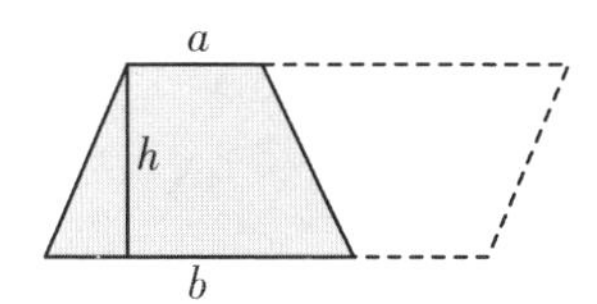

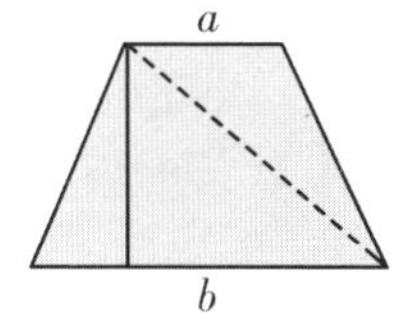

类似的还有三角形面积公式。三角形面积公式有 4 种不同的表达方式：$S=\frac{1}{2}ah=a\left(\frac{1}{2}h\right)=\left(\frac{1}{2}a\right)h=\frac{1}{2}(ah)$，与如下 4 个图一一对应，其几何意义是显然的。

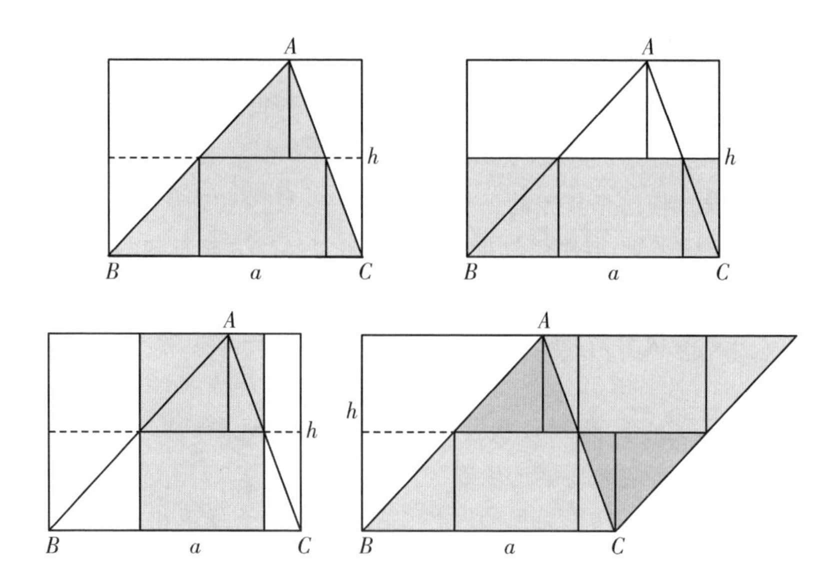

利用分配律还可以一题多解。

如图，已知正方形边长为 a，求阴影部分面积。

考虑到阴影部分不是常规图形，我们将之 8 等分，所得图形面积可看作是扇形和三角形之差：

$$S=8\left[\frac{1}{4}\pi\left(\frac{a}{2}\right)^2-\frac{1}{2}\left(\frac{a}{2}\right)^2\right]=a^2\left(\frac{\pi}{2}-1\right)$$

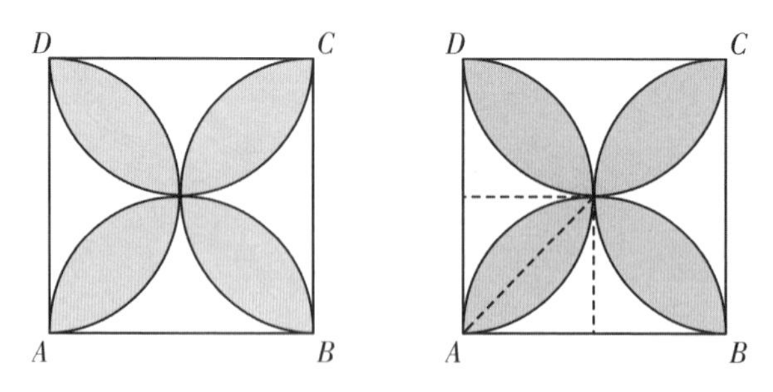

如果将系数“8”乘到括号里，得 $S=2\pi\left(\frac{a}{2}\right)^2-a^2=a^2\left(\frac{\pi}{2}-1\right)$。

看似简单的操作,却给我们一个新的视角:两个以 a 为直径的圆减去正方形 $ABCD$,即为阴影部分。

你看,简单的分配律作用可不小呢!

2.11 一个故事,两种数学视角

下面这则小故事竟然涉及两种数学思想方法,很有意思。

主人派仆人买枣子来吃,吩咐说:"个个都要甜,不甜不要。"仆人来到水果摊,摊主说:"我这儿的枣子味道都很好,没一个不好。你只要尝一个,就知道了。"仆人说:"我要把每个都尝一尝,然后再买,如果只尝一个又怎能知道其他的好坏呢?"接着仆人将枣子一一品尝,然后买回家。主人见了一个个被咬过的枣子,恶心得吃不下,全都扔了。

很多人都笑话这个仆人,哪有这么笨的!

我倒觉得,并不能全怪仆人。

两个枣子外观上看起来差不多,尝了一个是甜的,并不能由此确定另一个是甜的。外观差不多说明两个枣子之间具有一定的相关性,但相关性不等同于因果性,不能由此及彼地下结论。如果用数学归纳法的思想来看,就是从 n 成立推导不出 $n+1$ 成立。

有人会反对,此处不应该用数学归纳法,而应该用抽样思想,摊主的建议是对的。只尝一个是甜的,然后推断其他所有的都是甜的。

这种抽样调查有一定的可靠性,但同时也存在一些不确定性。因为主人要求极高——个个都要甜,所以抽样调查存在风险。

仆人全部尝一遍，从数学归纳法角度而言，可认为是从1到n全部验证一遍；从统计角度来看，则是全面调查。从数学角度来说，仆人的这种做法是没问题的。

而生活中买东西，只要大致上不错就行，哪有十全十美的呢！枣子中偶尔有几个不那么甜的，我想主人也不能太计较，总不至于恶心得全扔了。

所以我认为，主人提出要求时，可要求尽量买甜的。而仆人买时，尽量挑好的。这就没问题了。

2.12 烟囱也懂微积分——正多边形如何逼近圆？

边数越多，正多边形越像一个圆。正如刘徽的“割圆术”所述：“割之弥细，所失弥少。割之又割，以至于不可割，则与圆合体，而无所失矣。”

如何向初学者解释，使之更深刻地理解这一点呢？

方法1：画出多个正n边形。下列图分别是$n=5,8,14$时的情景。

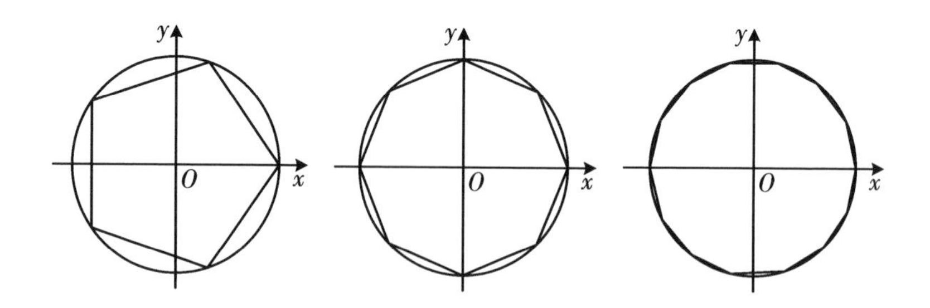

方法2：利用动态几何软件或Flash等工具作出动态图形，也就是将n从小到大的图像动态化演示。动态演示很形象，但需要

依靠计算机。虽然方法 1 可以利用手工,但画一个正 14 边形也挺烦琐。还有其他办法吗?

有一天,我想到了烟囱。

工厂的大烟囱,大家都见过吧。每一块砖是一个长方体,但从大的格局来看,不妨将之看作是一条直线段。我们用这些砖围成一圈,按道理来说,围成的是一个正多边形。但总体看起来却极像一个圆(仅考虑烟囱的某个横截面)。

烟囱很大,砖块很小。每块砖的长度就相当于正 n 边形的边长,其中 n 就是围一圈所需的砖块数。

"以直代曲"是微积分的基本思想之一。

很少有人想到烟囱也关乎微积分吧!真是生活处处皆数学。

同时,本案例也提醒我们眼见未必为实。烟囱看似是圆,实则是正多边形。

2.13 生活中的常识和数学中的证明

如果 A 同学的学习基础比 B 同学好,也更加努力一些,那么 B 同学有没有赶超的可能呢?

怎么可能?除非 B 同学更加努力!

为什么呢?

学习基础和努力程度是取得好成绩的两个条件,两个条件都占优了,当然要赢了。就好比 A 同学左手中的钱比 B 同学多,右手中的钱也比 B 同学多,那么 A 同学手里的钱自然就要比 B 同学多。这是常识。

问题是,学习基础和努力程度之间的关系不像左手中的钱和右手中的钱那样可以简单相加。

下面看一个数学问题,当 $x \geqslant 1$ 时,求证 $x > \ln x$。

这需要证明吗？画个图就出来了。

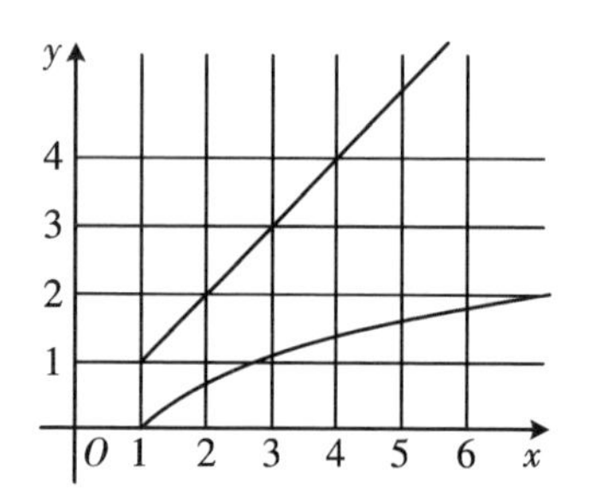

能否用数学语言来表述呢？正如马克思所说：一门学科，只有当它能够成功运用数学的时候，才有可能成为一门真正的科学。

设 $f(a)<g(a)$，$f'(x)<g'(x)(x>a)$，则 $f(x)<g(x)(x>a)$。

证明：设 $h(x)=f(x)-g(x)$，$h'(x)=f'(x)-g'(x)<0$，那么 $h(x)$是减函数，$h(x)<h(a)$，则 $f(x)-g(x)<f(a)-g(a)<0$，所以 $f(x)<g(x)(x>a)$。

2.14 系鞋带问题——调和平均数

学习不等式

$$\frac{2}{\frac{1}{x_1}+\frac{1}{x_2}}\leqslant\frac{x_1+x_2}{2}\quad(x_1,x_2>0)$$

有同学觉得调和平均数很不好理解。其实，只要联系一道小学应用题，就容易接受得多。

有一道让很多小学生难以理解的题，特别是第一次遇到，几乎没几个人能做对。

小明爬山,上山平均速度为 2 米/秒,下山平均速度为 6 米/秒,求全程平均速度。

我们熟悉算术平均数,所以一看到题,马上写结果$\frac{2+6}{2}=4$。而老师会告诉我们,不对,应该是:

设上山路程为 s,则

$$\bar{v}=\frac{\text{总路程}}{\text{总时间}}=\frac{2s}{\frac{s}{2}+\frac{s}{6}}=\frac{2}{\frac{1}{2}+\frac{1}{6}}=3$$

这就是调和平均数的经典应用。计算结果 $3<4$,与$\frac{2}{\frac{1}{x_1}+\frac{1}{x_2}}\leqslant\frac{x_1+x_2}{2}$一致。

如果有一种神奇的力量能使得你上山或下山的路程中提高 x 米/秒的速度,你会选择上山时还是下山时加速,使得整个过程所花时间尽可能少?

从直觉上来说,上山走路辛苦,我们希望加速,以减短这段辛苦路的时间,而下山路轻松一些,稍微久一点也没事。通过计算

$$\frac{1}{\frac{1}{2+x}+\frac{1}{6}}-\frac{1}{\frac{1}{2}+\frac{1}{6+x}}=\frac{4x}{8+x}>0$$

我们发现上山时用确实更有效。

数学家陶哲轩曾在机场思考过一个问题,后发布在博客上,引起很多人的关注。该问题中的一问是:

在机场中(为简化问题,假设机场是一条线性通道),一些区域有传送带,另一些区域没有。假定人的步行速度恒为 v,传送带的运行速度为 u,则人在传送带上走的速度为 $v+u$。此时假定你

需要暂停片刻，比如系鞋带。请问你应该在传送带上系还是在没上传送带时系？假定两种情况下系鞋带的时间相同。我们希望尽可能地节约时间。

系鞋带不管在哪都会耽误时间，相当于降低了平均速度。此题的计算思路和上一题类似，只不过上一题是增速，我们选择提高较小的速度。此题是减速，刚好相反，要降低较大的速度，也就是选择在传送带上系鞋带。

也可以这样理解，传送带能带来额外的速度，我们要尽可能多地利用。在传送带上系鞋带，使得呆在传送带上的时间长了，享受到传送带带来的更多的好处。

从不等式$\dfrac{2}{\dfrac{1}{x_1}+\dfrac{1}{x_2}}\leqslant\dfrac{x_1+x_2}{2}$来看，当$\dfrac{x_1+x_2}{2}$一定时，$x_1$ 和 x_2 越接近，$\dfrac{2}{\dfrac{1}{x_1}+\dfrac{1}{x_2}}$越接近$\dfrac{x_1+x_2}{2}$，所以要增加较小值或减少较大值。

2.15 为什么商贩要准备零钱？

为什么做生意的要准备大把的零钱呢？特别是一些小摊贩，他们做的是小生意，会收到大把零钱，为什么还要事先准备零钱呢？

我们先来看一道数学题。

某电影院票价每张 50 元，现有 10 人，其中 5 人各持 50 元的钞票，另外 5 人各持 100 元的钞票。假设售票处最初没有零钱，这 10 个人随机到来购票，则售票处不出现找不开钱的局面的概率是多少呢？

由于不知道10个人来的顺序,需要仔细分析。能肯定的是,要想符合要求,第1个来的肯定是拿着50元的,第10个来的肯定是拿着100元的。那第2个来的、第9个来的,我们就不清楚了,需要进一步分析,反正只有两种情况,不是拿着50元就是拿着100元。

我们用$p(m,n)$表示m个持50元的人、n个持100元的人满足条件的排队方式数目。很显然,$p(m,0)=1$,当$m<n$时,$p(m,n)=0$。

推导公式之前,先看一个具体的例子。譬如,第9个人来了之后局面是$p(5,4)$,它是如何得到的呢?往前推一步,就是$p(5,4)=p(5,3)+p(4,4)$。照此可得递推公式:$p(m,n)=p(m,n-1)+p(m-1,n)$。

很明显这是一个递归问题。递归问题的计算通常是麻烦的,更何况此处涉及两个参数。庆幸的是,这个问题涉及的数目不大,我们不用去求它的公式,而是用死算来求解。

请看下图。$p(5,5)=42$,考虑持50元的5个人在队伍中的位置,共有$C_{10}^{5}=252$种可能,所求概率是$\frac{42}{252}=\frac{1}{6}$。

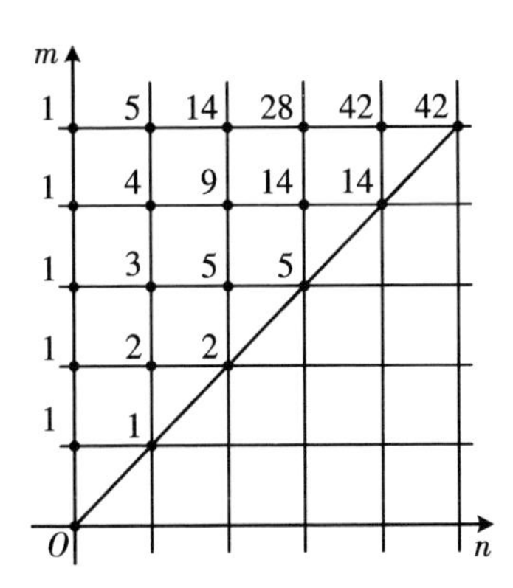

这个概率说明，虽然有一半的消费者准备了零钱，并且这些零钱可以找给其他人，但影响生意的可能性还是会超过 80%。

这种递归回溯的问题，相当于有个人总在追问：你要求 $n!$，那先求 $(n-1)!$，要先求 $(n-2)!$ ……当我们遇到某种局面时，也需要思考现在这种状况是怎样造成的。佛家有言：今日之因乃明日之果，今日之果由昨日之因。你没有收获西瓜，是因为你种的是土豆。你没有成功，是因为你努力还不够。数学不迷信“报应”，但却十分相信“因果”。

最后留一个思考题给大家：

如果售票处原来准备了 1 张 50 元的钞票作为零钱，其他条件不变。情况是不是会大不一样呢？

你会发现哪怕只做一点点准备，情况也会不一样。

2.16 如何还钱？

小时候，看到有人去外地买货，会先存一笔钱到银行，到了目的地再取，不像现在到哪都是刷卡或用手机支付。我当时以为存到银行的钱是由“有武功”的人押运到目的地的，就像古代走镖那样。

读中学后，我才知道钱是一种等值量化的交换工具。原来存的钱和后来取出的钱是不是同一批人民币，根本不重要，只要它们的购买力相同就可以。银行在收到钱之后，给你一个凭证，你到外地的连锁银行取就是了。这样能够减少大量的钱“搬来搬去”，减少不安全事故的发生。

下面我们就来谈一谈怎样减少资金的流动。

甲、乙、丙、丁四人是好朋友。乙向丙借20元钱,而丙自己也要花钱,就向丁借了30元。而在此之前,甲向乙借过10元钱,丁向甲借过40元钱。有一天,四人聚会,想把欠款结清。请问如何做才能动用最少的钱来解决这个问题。

如果按照顺序还钱,乙还丙20元钱,丙还丁30元钱,丁还甲40元钱,甲还乙10元钱,那么就要动用100元。

如果四人摊开来谈,不急于掏钱,先把四人之间的债务关系弄清楚,把四人看成一个整体,那么四人该进账的总数应当等于四人所欠钱的总数。

具体而言,甲要出10元,进40元,实际进账30元;乙要出20元,进10元,实际出10元;丙要出30元,进20元,实际出10元;丁要出40元,进30元,实际出10元。分析之后发现,只要乙、丙、丁各付10元给甲就可以了。这样只动用30元钱。

也许会有人认为,直接将钱在四人手头上转一圈,不就结清了,何必那么麻烦呢?确实,钱少的情况下是可以这样做。但有时牵涉大额资金。譬如,煤矿提供煤给钢材厂,钢材厂提供钢材给建筑公司,建筑公司给煤矿修楼房。三者之间每一笔账目都是以百万计算,那么动用现金肯定很不方便,银行走账也需要花费高额的手续费。而如果三家单位可以坐下来,稍微分析一下,就可以减少不必要的资金流动。

下面这道题来源于生活,也很有意思。

甲、乙、丙、丁四人去餐馆吃饭。说好是AA制,结果甲忘了带钱包,所以饭钱由其他三人垫付。第二次聚会时,甲提出要还钱,乙说:"不用了,我还欠你4块钱,正好抵了。"丙说:"把我那份给丁吧,我还欠他9块钱。"于是甲只付钱给丁,共31元。那么上次吃饭,乙、丙、丁各付了多少钱?

解题的关键在于搞清楚上次吃饭每个人应该出多少钱。甲看起来只付了 31 元,但免了 4 元钱的账,所以上次吃饭甲应该出 35 元。

乙比该出的多出了 4 元钱,实际付账 39 元。

丙比该出的多出了 9 元钱,实际付账 44 元。

丁收到 31 元,但其中包括了以前 9 元钱的账,相当于丁只比该出的多了 22 元钱,所以丁实际付账 57 元。

肯定有人在看到题目的时候会想:出题的人也是无聊,何不让乙、丙、丁三人中的一人给甲付了账不就行了,还绕来绕去的?而当想清楚这个题目之后,我们就会发现这样付账是最好的方案,动用最少的钱解决了所有的财务关系。

通过这两个例子,我们发现遇到问题不要急于动手,而是应该先分析,这样才能做到"运筹帷幄之中,决胜千里之外"。现代数学中的运筹学就对如何调度资源最省事有专门的研究。

2.17 如何安排时间?

现代人的生活都是快节奏的,这就要求我们必须有效安排时间处理工作、学习、生活中的事情。生活中有些小问题能够给我们启发。

用一只平底锅烙饼,锅上只能放两张饼,烙熟饼的一面需要 2 分钟,烙熟饼的两面共需 4 分钟,想烙熟三张饼最少需要几分钟?

一般的做法是先同时烙两张饼,需要 4 分钟;之后再烙第三张饼,还要用 4 分钟,共需 8 分钟。但在单独烙第三张饼的时候,另外一个烙饼的位置是空的,这说明可能浪费了时间,怎样解决这个问题呢?

我们想:要是能同时烙第三张饼的正反面就好了,不让平底锅有时间“空着”。其实这完全可以做到。

先烙第一、二两张饼的第一面,2 分钟后,拿下第一张饼,放上第三张饼,并给第二张饼翻面;再过 2 分钟,第二张饼烙好了,这时取下第二张饼,并将第三张饼翻过来,同时把第一张饼未烙的一面放上。2 分钟后,第一张饼和第三张饼也烙好了,整个过程用了 6 分钟。

烙饼问题给我们的启示是:不要把困难都集中在第三张饼上,要把难题分解,逐个解决。

假设小学 6 年只学语文、数学两门课,算起来花在每门课上的时间各为 3 年。能不能分开,先学 3 年语文,再学 3 年数学呢?显然两者的效果是不一样的。又如,一些中小学生做暑假作业,明明是 2 个月,每天做 10 分钟的作业,硬要等到快开学了,一次性做 10 小时完成。这能达到巩固复习的效果吗?所以说,合理分配时间很重要。

烙三张饼能在 6 分钟之内完成,根本原因是什么?只是聪明人想出的巧办法吗?不是。而是这个方案有完成的可能。假设有人希望 5 分钟完成这个任务,有没有可能呢?绝对不可能。因为 3 个烙饼,6 个面,每个面需要烙 2 分钟,总共 12 分钟,而平底锅每次只可以烙 2 个面,所以至少需要 6 分钟。

先不去想怎样完成任务,而是考虑有没有完成任务的可能。这种思考问题的方法是很重要的。有些同学做题,很随意就下笔,最后解也解不出来,其实有些题目本身错误,或者根本无解。

我们以田忌赛马的故事为例来说明。

田忌与齐威王赛马,他们各自将马分为上、中、下三等。孙膑发现田忌的马要比齐威王的马稍逊一筹,但也不是相差太远。于是孙膑交换了马的出场顺序,用田忌的上等马对付齐威王的中等马，用田忌的中等马对付齐威王的下等马，用田忌的下等马对付齐威王的上等马。三场比赛过后，田忌两场胜一场败，最终赢了齐威王。

田忌能够取胜，根本原因是交换出场顺序吗？不是。假设田忌的上等马跑不过齐威王的中等马，或者甚至连下等马都跑不过，那么无论怎样交换出场顺序都无济于事。

这给我们的启示是：当遇到困难时，如果我们具备的能力与解决这个问题的要求并不是相差太远，那么找准方向搏一搏未必不能成功。但有时即便你有愚公移山的精神，也未必能做成。看看下面这个问题：

某人从 A 地开车去 B 地，时速为 30 千米。从 B 地返回 A 地时他开得很快，希望能够达到全程平均时速 60 千米。这可能实现吗？

答案是让人吃惊的。不管他返程时开得如何快，都不可能实现目标。我们可以设返程速度为 x，单向路程为 m，则 $\frac{m}{30}+\frac{m}{x}=\frac{2m}{60}$，化简得 $\frac{1}{x}=0$。这怎么可能呢？

人们常说：努力就有希望。其实这不过是人们的一种自我安慰和鼓励。事实上，如果事情开始的时候你没把握好，越到后来越难处理；到了某个时候，虽然事情还没完全结束，但已经没有挽回的可能了。这也就是很多棋手在中盘阶段投子认输的原因。

有些同学平时混日子，把希望寄托在期末考试之前的最后冲刺。这样能行吗？想想烙饼的故事，学习任务要分解，逐个击破；想想田忌赛马的故事，战胜对手的前提是实力不能相差太远；想想平均速度的故事，开始没学好，欠账太多，最后想追也追不回来了。

2.18 进水管和出水管

著名主持人崔永元读书时数学成绩不大好。他回忆道：

大概是到了发育的年龄，我整天想入非非，经常盯着黑板发愣。数学老师把教鞭指向右边又指向左边，全班同学的头都左右摇摆，只有我岿然不动。于是他掰了一小段粉笔，准确无误地砸在我脸上。数学鲁老师说："你把全班的脸都丢尽了。""嗷——"全班一片欢呼，几个后进生张开双臂，欢迎我加入他们的行列。

从此我的数学成绩一落千丈，我患上了数学恐惧症。

高考结束，我的第一个念头是，从此再不和数学打交道了。

38 岁生日前一天，我从噩梦中醒来，心狂跳不止。刚才又梦见数学考试了：水池有一个进水管，5 小时可注满，池底有一个出水管，8 小时可以放完满池的水。如果同时打开进水管和出水管，那么多少小时可以把空池注满？

呸，神经吧，你到底想注水还是想放水？

有一天，我去自由市场买西瓜，人们用手指指点点：这不是《实话实说》吗？我停在一个西瓜摊前，小贩乐得眉开眼笑："崔哥，我给你挑一个大的，一共是 7 斤 6 两 4，1 斤是 1 块 1 毛 5。崔哥，你说是多少钱？"我忽然失去控制，大吼一声："少废话！"

对我来说，数学是疮疤，数学是泪痕，数学是老寒腿，数学是类风湿，数学是股骨头坏死，数学是心肌缺血，数学是中风……

当数学是灾难时，它什么都是，就不是数学。

不是崔永元一个人有这样的疑惑，同时打开进水管和出水管，你想干吗呢？其实生活中这样的例子还真不少。

先说个灌水的例子。要将水池中的水输送到A田和B田，如果水池在两块田的中间，那么水池只要放水，田只要接受就好了。

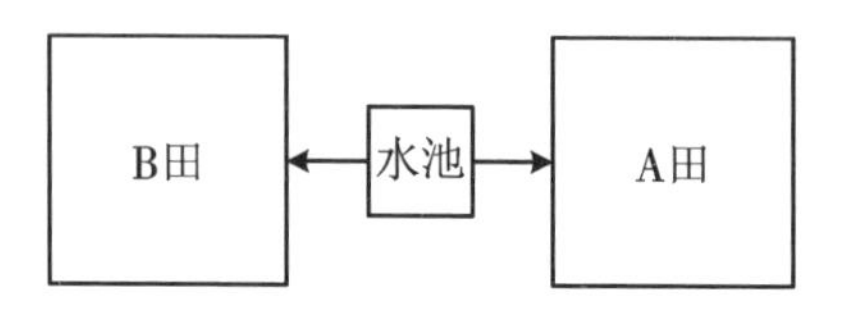

而如果水池和B田中间隔着A田，那么水池就要开更多的管道给A田，因为这些水不单是供给A田，还要给B田。这时A田既进水又出水。

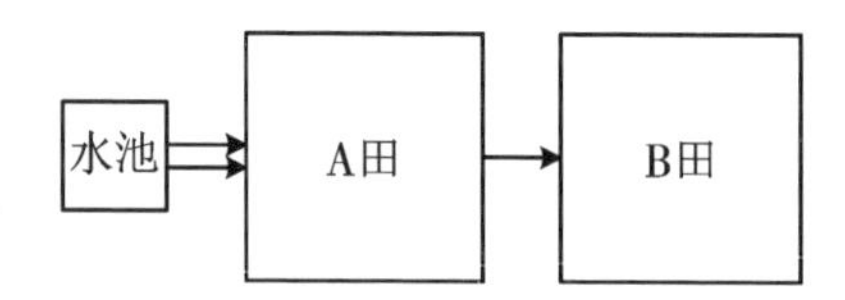

现实中的情形远比第二种情形复杂，有大大小小的水库、河流、水池、田地，分布纵横杂乱，水的流进流出更是错综复杂，同时进水和出水真的一点也不奇怪！

类似的例子很多。譬如看展览，早上一开门，很多人进去，相当于只开进水管。过了一段时间，动作快的人已经看完了，陆续离开，相当于既开进水管又开出水管。进水管比出水管流量大，展览馆里的人越来越多。这时问题就来了，展览馆里的人有进有出，多久之后人满呢？人满之后，就必须等里面的人出来，外面的人才能进去，这时看展览就要排队。如果你想知道大概需要排队多久，除了要看排在你前面有多少人，还要考虑一个人看展览要花多少时间。去上海看过世博会的朋友对此应该深有体会。工作人员必须考虑这个问题，并随时公告：目前排队，看某某馆，要排队多久。

数学难，原因之一就在于它的高度抽象性。而很多数学问题在生活中可以找到相关例子帮助我们理解。有了这些背景知识，我们就会明白，数学题不是老师故意为难我们而编造出来的，数学真的很有用。

2.19 支付宝、商家、买家的三方博弈

支付宝是蚂蚁金服推出的一种快捷支付方式。由于智能手机的普及，支付宝应用也越发广泛，很多年轻人觉得出门不带钱包都没关系，哪怕在街头买水果都可以用支付宝。

开始几天，水果摊这样优惠：买水果满 6 元减 5 元，即用支付宝付账，支付 6 元，确认付账之后，买家实际花费 1 元，另外 5 元由支付宝补贴，商家实得 6 元。每个手机每天限用一次。

因为每单固定减 5 元，所以我每天都只买 6 元多一点的东西，希望达到利益最大化。这样 1 元钱当 6 元钱用，相当于 1.6 折。这样促销非常有用，使用支付宝的水果摊生意爆棚。而旁边一家水果摊没用支付宝，基本上无人问津。

过了几天，水果摊的优惠变了，变成满 22 元减 5 元，即用支付宝付账，支付 22 元，确认付账之后，买家实际花费 17 元，另外 5 元由支付宝补贴，商家实得 22 元。

这样一来，就变成 17 元当 22 元用，相当于 7.7 折。本来对水果兴趣不大的我也就不想买了。和我有类似想法的人也有不少，另一些人则是不想一次买太多，怕放久了不新鲜。因此水果摊生意不如前几天。

那有没有办法使得水果摊生意回到前几天的爆棚呢？

水果摊的优惠政策是支付宝定的，相当于定下一个计算公式，让大家把数据代入就行。支付宝优惠并不是天上掉馅饼，他们希望更多用户使用，更多资金流入支付宝平台。从满 6 元到满

22 元,买家和商家需要把更多的钱存入支付宝,哪怕是暂时性的。

商家、买家、支付宝三方是合作、互助的关系,也存在博弈的关系。支付宝改变了策略,商家和买家有何对策使得自身利益最大化呢?

办法总是有的,生活中的数学远比课本上的数学复杂,绝不是简单代入公式那么简单。

买 2 支单价为 2 元的圆珠笔,有时并不需要 4 元,可能 3 元就够了,这种情况在生活中是常见的。

去打印店打印,100 张以下是 1 毛钱一张,100 张以上(含)是 8 分。假设你需要打印 90 张,按照商家给出的分段函数公式,需花费 9 元。如果你说,另外还打印 10 张空白页面,凑满 100 张,只需花 8 元就可以完成任务,还多得 10 张空白纸。

那么支付宝的规则有何漏洞?我们可以这样做:买家还是买 6 元水果,用支付宝付 22 元,其中买家花费 17 元,支付宝付 5 元,商家实得 22 元。然后,商家再返回买家 16 元现金。最后的结果是:买家用 1 元钱买 6 元钱水果,支付宝补贴 5 元,商家实得 6 元。其中,16 元可认为是虚构出来的辅助工具。它的出现是为了使不符合补贴条件的交易也能享受补贴。

实践表明,一家水果店这样做了之后,生意又恢复到前几天的情形。而旁边那家水果店还是坚持“满 22 元减 5 元”,墨守成规的结果可想而知。

2.20 三兄弟等车

三兄弟等车,可是车子一直没有露面。大哥的意见是等着。

“干吗在这儿等着,”老二说,“还不如往前走呢!等车赶上咱们再跳上去，等的时间已经可以走出一段路程了，这样可以早点到家。”

“要是走，”三弟反对说，“那就不要往前走，而是往后走，这样我们就能更快地遇到迎面开来的车子，咱们也就可以早点到家。”

兄弟三人谁也不能说服别人，只好各走各的，大哥留在车站等车，老二顺着车行方向向前走去，三弟则向后走去。

哥儿三个谁先回到家里？谁的做法最聪明？

此题的参考答案是：

三弟向后走了一会儿，就看见迎面驶来的车，跳了上去。这辆车驶到大哥等车的车站，大哥跳了上来。过了不久，这辆车赶上了老二，也让他上了车。兄弟三人都坐在同一辆车上，当然都同时回到家里。可见最聪明的是大哥，他安逸地留在车站等车，比两个弟弟少走了一段路。

数学中考虑问题总过于理想化。若在生活中遇到此事，还得细琢磨。就我等公交的经历，以上三种不同的选择都曾采取过。

大多数情况是选择原地不动，因为懒得走。

迎着车来的方向走一站，则是考虑到那一站为起点站，能够坐到座位上，而目的地较远。这样同时降低了因人多而挤不上车的风险。

朝目的地的方向走，则是担心没车了，往前走走距离更近一些，打的也可以少花钱。

站在原地等，看似以逸待劳，但偶尔也会有风险。我就碰到过，由于修路，公交车改了路线，在那死等根本是空耗时间。

朋友们，你怎么选呢？

2.21 走路也要讲优化

优化,从字面意义上来讲就是精益求精,做得更好。如何在更短的时间内完成任务,或者用更少的钱办成事情,这些都属于数学中所研究的优化问题。

在日常生活中常会有这样的事情:一些人一起去某地,但受交通工具限制,不能一次性把所有人送往目的地。通常的做法是:先用车载一部分人到达目的地,然后再回来接剩下的人。

有时为了节约时间,车送第一批人的过程中,剩下的人并不在出发地等,而是向目的地步行。

很明显,这种做法要比在原地等节约时间。但能不能更节约时间呢?我们来看一个具体的问题:

父亲带两个儿子去看祖母。两家距离30千米,父亲有一台摩托车,但每次只能载一人,已知摩托车的速度是50千米/时,两个儿子的速度都是5千米/时,问三人至少要花多长时间才可以到达?

下面称父亲为摩托车手,两个儿子分别为甲和乙。

方案1:摩托车手载甲到达目的地,然后回来接乙。如果乙在出发地不动等着甲来接,则相当于摩托车要跑三段30千米,需要花费的时间是$\frac{30\times 3}{50}=1.8$小时。

方案2:摩托车手先载甲到达目的地,然后回来接乙,且在此过程中乙同时向目的地步行。摩托车手载甲到目的地需要$\frac{30}{50}=$

0.6 小时，此时乙步行了 $5\times0.6=3$ 千米。摩托车手返回接乙，与乙相遇所花时间为 $\frac{30-3}{50+5}\approx0.49$ 小时。根据对称性，摩托车手把乙载到目的地同样花费约 0.49 小时。所以总共需要花费 $0.6+0.49+0.49=1.58$ 小时。

可不可以再节约一点时间呢？在方案 2 中，乙走了很长一段路，摩托车手也跑来跑去，都在为节约时间做努力，只有甲没做啥贡献。摩托车手把甲直接送到目的地，在摩托车手返回去接乙的过程中，甲在目的地闲着没事。能不能让甲也走走路，做做贡献？这种想法是完全可以的。

方案 3：设摩托车手先载甲前进 x 千米，用时 $\frac{x}{50}$ 小时，乙落下摩托车 $\frac{x}{50}(50-5)=\frac{9}{10}x$ 千米，摩托车手返回来接乙，用时 $\frac{\frac{9}{10}x}{(50+5)}=\frac{9x}{550}$ 小时与乙相遇，此时乙共走 $\left(\frac{x}{50}+\frac{9x}{550}\right)\times5=\left(\frac{x}{10}+\frac{9x}{110}\right)$ 千米。如果摩托车手载乙也行驶 x 千米，那么三人会同时到达目的地，即 $30-\left(\frac{x}{10}+\frac{9x}{110}\right)=x$，解得 $x=\frac{330}{13}$。从甲的角度计算，时间为 $\frac{x}{50}+\frac{30-x}{5}\approx1.43$ 小时。

这是我小时候思考过的一个问题。或许有人会说："既然是生活中的数学问题，那就得符合实际情况。这年头，谁还走路啊，肯定是第一种方案啦！"所以说，数学与生活的着眼点不同。

2.22 也论“我吃过的盐比你吃过的饭还多”

齐建民老师说：

偶然想到，当一个人对另一个人说自己经验阅历丰富时，往往说：“我吃过的盐比你吃过的饭还多，我走过的桥比你走过的路还长。”其实这里有集合的思想，盐一定是饭的真子集，桥一定是路的真子集，“我”的真子集与“你”的全集比较都大（元素个数多），那可想而知，“我”的全集比“你”大多少了。

仔细想想，盐不是饭的真子集，桥也不是路的真子集。俗语道“桥归桥，路归路”，意思是指互不相干的事应该严格区分开来。因而后面的推理也就失了依据。

下面从一个死理性派的角度分析“我吃过的盐比你吃过的饭还多，我走过的桥比你走过的路还长”。由于这两句话逻辑等价，我们只分析前者就好。

在一般情况下，说这句话的人是年纪较大的中老年人，受教育者则是青年。

推理如下：中老年人的吃饭量≫中老年人的吃盐量，青年人的吃饭量≫青年人的吃盐量，而若中老年人的吃盐量>青年人的吃饭量，则可得中老年人的吃饭量≫中老年人的吃盐量>青年人的吃饭量≫青年人的吃盐量。

这让人想起田忌赛马。田忌为什么能赢，根本原因不是孙膑的计谋，而是田忌的马比齐威王的马并不差太多。如果田忌的上等马都跑不过齐威王的下等马，无论怎样出谋划策，改变出场顺序也是无用的。

类比就是：人的吃饭量、吃盐量相当于手里的上等马、下等马,中老年人的下等马都能胜青年人的上等马了,相当于完胜,青年人想什么办法都没用,都比不过中老年人。

用数学符号表示,$f(x)$的最小值大于$g(x)$的最大值,则$f(x)$恒大于$g(x)$。

如果从实际生活角度思考,则会得出另一个结论。

根据世界卫生组织指导,人均日摄盐量应少于 5 克;中国人口味较重,不妨设为 10 克;若设 10 岁以上男性每日吃饭量为 6 两,10 岁以下减半,为 3 两,即 150 克。年纪大的吃盐量比年纪小的吃饭量要大,即年龄比要大于 $150\div10=15$。如果年纪小的人已经有一二十岁了,又去哪找活了一两百岁的老人家呢?所以常把“我吃过的盐比你吃过的饭还多”放在嘴边的人,也就是摆摆老资格而已,心里没算清楚账。

2.23 为什么没有 3 元人民币?

网上有文章专门分析这一问题,其中有这样一段:

货币面值是依据数学的组合原理设计的。在数字 1 到 10 里,有“重要数”和“非重要数”之分,1、2、5、10 就是“重要数”,用这几个数能以最少的加减运算步数得到另一些数。如 $1+2=3$,$2+2=4$,$1+5=6$,$2+5=7$,$10-2=8$,$10-1=9$,其余的就是“非重要数”。而如果将四个“重要数”中的任意一个用“非重要数”代替,就出现有的数要相加或相减两次才能得到,比较烦琐。

这段分析看起来像那么回事,但经不起推敲。假设用 1、3、5 代替 1、2、5 会出现什么情况,真的会更麻烦吗?此处不考虑 10,因为 10、20、50 可看作 10 倍后的 1、2、5。同理适用于 1 角、2 角、5 角。

用1、2、5表示1～9，最少需要17张人民币。表示1需要1张，表示2需要1张，表示3需要2张，表示4需要2张，表示5需要1张，表示6需要2张，表示7需要2张，表示8需要3张，表示9需要3张。

用1、3、5表示1～9，最少需要17张人民币。表示1需要1张，表示2需要2张，表示3需要1张，表示4需要2张，表示5需要1张，表示6需要2张，表示7需要3张，表示8需要2张，表示9需要3张。

以上只考虑加法，如果加上10，且考虑减法，3也不比2差，请看：2=1+1，4=3+1，6=5+1，7=10-3，8=5+3，9=10-1。所以认为2比3更重要，从而没有3元币值这一说法是站不住脚的。

1、2、5中，1是最基本的数，如果没有1，就难以谈其他；从数学上讲5不如1重要，只是人的手指有5个，习惯用十进制，所以5相对重要。至于2，实在看不出哪里比3重要。

在中国古代或者其他国家，也有使用3元币值的。中国第二套人民币有3元币值，后来又取消了，是有历史原因的。

1999年10月1日，根据《中华人民共和国国务院令第268号》，中国人民银行陆续发行第五套人民币。第五套人民币共八种面额：100元、50元、20元、10元、5元、1元、5角、1角。第五套人民币根据市场流通中低面额主币实际大量承担找零角色的状况，增加了20元面额，取消了2元面额，使面额结构更加合理。

面额结构的调整，一方面说明了2元面额并不是那么重要，另一方面说明了单纯的组合原理分析过于理想化，实践产生的大数据才是最后的决策力量。

2.24 《开门大吉》的数学分析——数学的局限性

很多数学科普都从不同角度介绍数学的各种用处。

华罗庚先生有一篇经典文章《大哉数学之为用》发表于1959年5月的《人民日报》上，阐释了“宇宙之大，粒子之微，火箭之速，化工之巧，地球之变，生物之迹，日用之繁”等各方面，无处没有数学的贡献。

有人问起，什么事情是数学无可奈何的呢？

其实有很多，否则世界上只要数学一门学科就行了，其他学科都没必要了。只是数学家对数学的局限性提得少。

下面仅举一例。

让你做一个选择：

选择1（稳赚型红包）：100%能获得1元。

选择2（运气型红包）：50%的可能获得2元，50%的可能获得0元。

懂点数学的人都知道，这两者的期望值都是1元，选哪个都一样。

此时改一下条件：

选择1（稳赚型红包）：100%能获得1亿元。

选择2（运气型红包）：50%的可能获得2亿元，50%的可能获得0元。

从数学上分析，两者的期望值都是1亿元，还是一样。但此时让人选，更多人倾向选择1。

这从数学角度是无法解释的，只能从心理学、经济学等角度分析。1亿元对于一般人来说，一辈子都花不完，再多给1亿，感觉上收益并没有翻倍，而一旦变为零，那感觉可是天塌了似的。

这样的选择在现实中可以找到原型。

《开门大吉》是中央电视台的一档综艺节目，节目鼓励普通人通过游戏闯关的方式实现自己的家庭梦想。参赛选手面对1～8号8扇大门，依次按响门铃，门铃会播放一段音乐，选手需正确回答出这首歌的名字，方可获得该扇门对应的家庭梦想基金。每次回答后，选手可自由选择带着奖金离开比赛还是继续挑战后面的门以获得更多的奖金。但是一旦回答错误，奖金将清零，选手也会离开比赛。整个游戏过程中选手有一次求助亲友团的机会。播放的歌曲从常见到不常见，难度越来越大。每扇门对应的家庭梦想基金依次是1000元、2000元、3000元、5000元、10000元、15000元、20000元、30000元。

我看了这个节目很多期，发现一些参赛者熟悉的歌很多，很轻松就拿到了5000元（或10000元），但此时他们选择见好就收，不愿继续，哪怕他们的求助机会都还没用。

经济学对这种行为的解释是落袋为安，指对象征性的、非确定性的或抽象的财富，只有把它变成现实的财富或货币放进自己的口袋里（或者账户上），心里才安稳，反映出人们对风险和事态的不确定性的心态。

而如果从数学角度分析，应该这样做：参赛者事前多看看该节目，看看自己通过下一关的可能性有多大。此为模拟训练。正式比赛时，结合模拟得到的通过率与回报收益来决定是否继续闯关。

3
网络中的数学

以前有一种说法：网络是虚拟社会。经典的表述是"在互联网上，没人知道你是一条狗"（On the Internet，nobody knows you're a dog）。

随着上网实名制、手机实名制、微信手机捆绑、网络购物与手机捆绑等一系列措施的实施，网络不再那么虚幻，而变得相当真实。

网络进入我们的生活之后，我们获取信息的渠道更多了。问题是：在信息碎片化时代我们该如何辨识哪些信息是谣传，哪些信息是可信的呢？

有些信息涉及一些专业知识。譬如：

金鱼的记忆只有7秒，我们就像金鱼，痛过了，7秒后又忘了痛。

金鱼的记忆有多长时间，这个问题超出一般人的常识，这需要专业研究才能得出结论。但对于有些信息，我们凭借常识就可以判断其真假。

被称为“预言帝”的李白在网络上很火，因为“他”“写了”很多藏头诗，譬如这首《腾云》：

马腾驾祥云，
航飞阔海郡。
失于蓬莱阁，
踪迹无处寻。

李白在千年之前就能预测马航失踪？这绝对不符合常识。而从文学角度来看，李白也不至于如此糟糕，这根本就不是他的诗。如果知道网上有一种能自动生成藏头诗的软件，你就不会以讹传讹了吧。

谣言止于智者。希望大家都能成为智者。

3.1 怀疑，概率分析，理性判断

现代世界资讯发达，我们常常会听到一些匪夷所思的事情。这些传闻可信吗？的确，大千世界，无奇不有，好像什么事情都可能发生，但我们也不能听到什么都相信。我们要有怀疑精神，独立思考，对事件发生的可能性大小作一些分析，有助于作出理性判断。也就是说，我们要作出理性判断，以怀疑精神作为前提，以概率分析为辅助。下面就让我们从怀疑谈起。

亚里士多德说：“我爱我师，我更爱真理。”这是对权威的怀疑。

孟子说：“尽信书，则不如无书。”这是对书本的怀疑。

“我思故我在”是笛卡儿的经典名言。但这并不是笛卡儿哲学的出发点。

就如同欧几里得编著《几何原本》，一个相对完善的理论体系需要选择一些基本命题作为公理，并在此基础上构筑起思想大厦。地基的重要性不言而喻。选择什么样的地基才是牢靠的呢？

笛卡儿认为，一切从怀疑开始。他在《哲学原理》中开宗明义地说："因有一段时间我们是儿童，早在能够充分运用理性之前，就已经对感观所见的事物作出各式各样的判断，所以有许多成见摆在那里作梗，使我们不能认识真理。只有一种办法摆脱这些成见，就是在一生中有那么一次把我们稍微感到可疑的东西都来怀疑一次。"

这段话体现了笛卡儿怀疑论的精髓：一是我们的判断中有相当多的成见，因而必须加以怀疑；二是我们不必怀疑一切，而只要怀疑那些"稍微感到可疑的东西"。怀疑的目的是得到某些能够确信的东西。

笛卡儿是从怀疑走向"我思故我在"的。他甚至怀疑"我"是否存在。这听起来有点匪夷所思，但就如同庄周梦蝶，是庄周梦到蝶还是蝶梦到庄周，谁也说不清。笛卡儿认为只有思维是真实的存在。思维需要一个思的主体，这个主体就是"我"。"我在"是蕴含在"我思"之中的。

所以说笛卡儿的怀疑是很彻底的。

假如媒体报道：有专家用实验证明，麦当劳的汉堡可以放一年保持不坏。一般人关注的是：汉堡真的一年不坏吗？笛卡儿则会先质疑：这个专家真的存在吗？是不是子虚乌有，记者杜撰出来的呢？

在现代社会虚假信息太多，捕风捉影的很多，无中生有的也不少，可见笛卡儿式的怀疑还是有用武之地的。

罗素也很有怀疑精神，一件小事就足以说明。

罗素小时候，哥哥教他：若 $A=B$，$B=C$，则 $A=C$。罗素对此很怀疑。

罗素的怀疑并不是没道理。该结论的成立是需要传递性来作保证,并不是所有性质都具备传递性。传递性也并不显然,若将上式中的等号改成约等号,结论就会出问题。

假定60分及格,59分和60分差不多,也及格;而58分和59分差不多,也及格……最后的结论是0分也及格。又如同学关系:A和B是同学,B和C是同学,A和C未必是同学。

又如猜拳:剪刀赢布,布赢石头,但剪刀不能赢石头。

在哲学家中,休谟的怀疑理论最具数学味。休谟面对可疑的问题,并不是直接肯定或者否定,而是去比较两个对立面哪一个更可信一些。

基督教的《圣经》记载有耶稣复活的故事,说耶稣被仇敌钉死、被门徒埋葬以后,过了三天又活了起来,离开了坟墓。后来,还有门徒证明,说看到了耶稣现身。

休谟对此表示怀疑,他说:"人死而复生和编造谎言哪种可能性更大?"

休谟的观点已经很明确了。虽然他拿不出明确的证据证明耶稣复活是真的,还是门徒撒谎,但以个人经验判断,编造谎言容易得多。

这一判断方法被后人称为休谟原则。当对遇到的问题缺乏了解,无法判断的时候,我们只能分析哪一方的观点更合理,更应该被接受。

有资料记载:

拉马努金首先推测,$e^{\sqrt{163}\pi}$是一个整数,即

$$262537412640768744$$

因为他计算得到的结果为

$$262537412640768743.999999\cdots$$

1972年,人们用计算机计算,居然得到小数点后直到200万位都是9。

对于这样的信息,我们应该表示怀疑。为什么呢? 如果说小数点后 10 位都是 9,还是可以接受的,数学中确实存在比较特殊的数。只有与众不同,才会被单独挑出来说事。如果说小数点后 100 位都是 9,这已经叫人很怀疑了,有这么特殊的数吗? 如果是人为构造,还是有可能的,但这个数看起来很天然啊! 资料却告诉我们小数点后直到 200 万位都是 9,这让人无法相信。我们虽无证据,但宁愿相信资料有误。

用计算机计算得到的结果为

exp(pi * 163^(1/2)) = 262537412640768743.99999999999925007259719818568887935385633733699086270753741037821064791011860731295118134618606450419308388794975386404490572871447719681485232224320391164782914886422827201311783170650104522268780 1…

进一步查阅资料,发现说“拉马努金首次发现”也有误,法国数学家埃尔米特在此之前已经做过这方面的工作了。

原来其中部分资料,如“小数点后直到 200 万位都是 9”等,是 1975 年 4 月 1 日愚人节发表的。

休谟原则不是绝对公理,但具有较强的实用性且容易掌握。但人毕竟不能时刻保持理性,更多的时候人是一种感性动物,趋利避害是一种本能,大多数人还是不自觉地往好的方向去想。

譬如坐飞机,飞行可能出事故,但人们看到的是不出事故的那一面。

譬如买彩票,明明知道中大奖的可能性微乎其微,但大家买彩票的积极性还是很高,这种小概率事件确实给人带来侥幸的心理。换个角度,当大家看到不中奖的概率是 99.99999…%的时候,买彩票的人可能就会少些。

数学家也好,哲学家也罢,凡有志于追求真理者,都需要有一点怀疑精神。怀疑不等于盲目排斥,其本质在于独立思考。人云亦云做不出真学问。

休谟原则很有科学性。人类面对太多不解的问题，我们不能只是疑，而要根据已有的知识去作尽可能可靠的判断。所作判断是否准确，还需要更多的信息来支撑。但现在也只能如此解释了。

鲁迅先生曾言："怀疑并不是缺点。总是疑，而并不下断语，这才是缺点。"

3.2 画线分割三角形问题

网络上流传这一题很久了：

添加一条直线，将一个五边形分成两个三角形(小学四年级奥数题)。

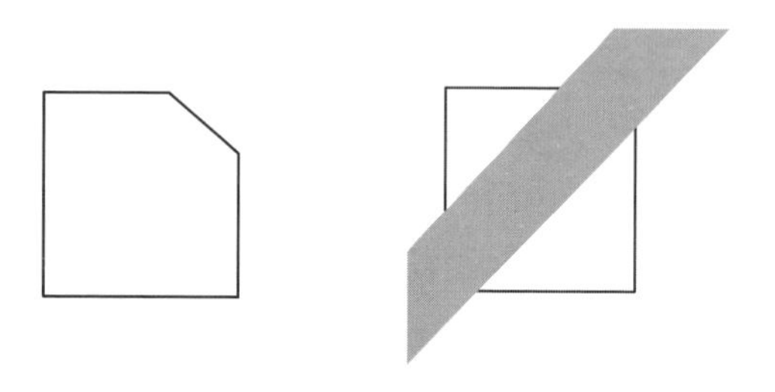

此题所谓的标准答案就是画一条粗线。而数学中的直线是没有宽度的，这个答案让很多人无法接受。那么此题有没有其他解呢?

有一点需要注意：不能以自己做不出来就判定问题无解，还需指出谬在哪里。

这种问题不按常理出牌，但如果仔细分析，也能作为教学的素材。

从角的角度分析，添加一条线，并不能增加内角和，两个三角形内角和为 360°，而这里已经是 540°，产生矛盾。

从边的角度分析，两个三角形最多有 6 条边，而已有 5 条，加 1 条后为 6 条，但第 6 条显然是两个三角形共用的，这才称得上是划分，产生矛盾。

3.3 虚假的励志公式

数学也励志

1. 三天打鱼，两天晒网。

$$1.01^{3} \times 0.99^{2} < 1.01$$

2. 积跬步以至千里，积怠惰以至深渊。

$$1.01^{365} = 37.8$$

$$0.99^{365} = 0.03$$

3. 多一份努力，得千份收获。

$$1.02^{365} = 1377.4$$

$$1.01^{365} = 37.8$$

4. 多一份怠情，亏空千份成就。

$$1.02^{365} = 1377.4$$

$$1377.4 \times 0.98^{365} = 0.86$$

这个公式看似在鼓励人们要坚持，只要坚持了，哪怕每天付出的不多，但回报是大大的。是不是真的如此呢？

假设 1 代表每天正常的工作量，1.01 表示每天多做一点点，那么一年之后，正常工作量是 365，而多做一点点则是 $365 + 0.01 \times 365 = 368.65$。结果相差微小。这很好理解，因为你当初付出的就不多。

我真不知道 1.01^{365} 这个式子是怎么列出来的。如果一定要按照式子解释，可能是这样的：

A 每天工作量为 1，保持不变。

B 第一天工作量为 1.01，之后每天的工作量为前一天的 1.01 倍，那么第 365 天的工作量为 $1.01^{365}\approx 37.8$。

这显然不可能。这意味着别人一天工作 1 小时，你要工作 37.8 小时。

事实上，要想人前显贵，必先人后受罪。要想超出别人一大截，需要付出百十倍的努力，每天努力一点点是不够的。

譬如学校招聘老师，有它的评价标准。远超过这个标准的，会去更好的学校，所以最终来这个学校工作的老师基本上水平差不多。（这和考大学模型一样。）

若干年过去了，当年招聘的大部分人水平还是旗鼓相当，可能个别人稍微努力一点，但差得也不太多。

而你要想在这个群体中脱颖而出，远超过其他人，让别人对你只能仰视，你需要付出很多。

不经历风雨，哪能见彩虹？没有人能随随便便成功！

以上是从时间角度分析的，也可从另外角度加以解读。

假设 A 和 B 同时学习 365 个知识点，A 比 B 每天多努力 0.01，那么 365 天之后考试，情形如何呢？

情形 1：如果 365 个知识点毫无关联，分别来自不同学科分支，那么 365 天之后，以 B 为基准，A 也就是多掌握一点点而已。

情形 2：如果 365 个知识点紧密联系，后一个知识点建立在前一个知识点的基础上，那么 A 的优势每天都在积累和增强，365 天之后，以 B 为基准，A 就会强很多。

好比甲和乙去购买商品，甲是会员，打 9.5 折，而乙不打折。那么两人都购买了 365 件商品，甲相对于乙来说，也就是打9.5折。

有时店家做活动，你买得越多，折扣越多，实行折上折。那么此时才会出现折扣相乘。但这样的折上折也是有限制的，绝不会出现买第一件9.9折，多买一件就再多打一次9.9折，因为这样折扣相乘很恐怖。如果一件商品的价格是1元钱，不打折购买365件，应该是365元；而按9.9折，且折上折，则只需$0.99^{365}\times 365\approx 9.31$元。这样的事情在生活中几乎是看不到的。

所以何时用加法，何时用乘法，要看实际情况而定，关键是看环节之间有什么样的关联。

类似励志公式早已有之。譬如，1986年诺贝尔化学奖得主李远哲在演讲中提到：

我在念书时不是大家认为的“好学生”。所以我可以比较放开地阅读我喜欢的读物，培养我较喜欢的兴趣。我中学时代读了居里夫人的自传，受到很大感动，对我的启发也很大。人生活在世上从事各种不同的行业，但作为一个科学家能像居里夫人有这么美好的生命，我觉得十分羡慕。

一般而言，今天很多大学的科学教育只是训练一些技术员，但这也有一些不得已的苦衷。原因是今天的科研的确很需要技术性的工作。一个好的技术员是很重要的。可是要在科学领域打开新的局面，做些尖端的、有创意的科学工作的话，光有技术就不一定行得通了。据我所知，比较好的学校或实验室，为了要解决一个新的科学问题，学生都有很广泛的训练，涉及的不仅是他专业的东西，科学哲学、科学史或科学社会学也非常重要。这样才有可能成为一个好的科学家。

全世界与我们从事同样工作的就有几十个人，我们为什么做得比较成功呢？这是因为我们花了很多心血反复地在每一步的小地方下功夫实践。如果有100步的话，我每一步比别人做好5%的话，这是1.05的100次方，这样就有很大的差别了。

人家问我怎样才能做好一个科学家，我就用一句我常常规劝年轻人的话作答:要做好一个科学家,一定要有追根究底的精神。因此,在现实社会里很容易妥协的人一定不会成为一个好的科学家。生活上容易妥协的人绝对不会成为很好的科学家,即便他读了不少书,花了许多时间在实验室,也没有多大用处。

在科学的研究上也像其他事情一样,一个人的成败系于最艰难的处境中,有些人能继续努力,有些人承受不了。你如果问我为什么做得比别人好,大概我比较会坚持吧。

李远哲强调了每一步都要下功夫,每一步都要比别人做得好。这样优势才会积累。但也并不见得这100步中的每一步都是环环相扣、层层递进的,也可能存在并列的步骤。如果真按李远哲所认为的,每一步都是层进关系,计算可得 $1.05^{100} = 131.5$,说明他相对于那几十个同行(也是世界一流的科学家)而言,强出百倍之多。个人认为,李远哲不会这么想,因为他之前说了只是“比较成功”而已。

3.4 成功公式

所谓成功,就是要达成所设定的目标。

每个人的追求不同,所设定的目标自然也不相同。有些人希望拥有很多财富,有些人希望获得很大名声,还有些人思量自己为社会奉献了多少……

要想成功就必须付出,付出常人所不能付出的东西。

成功需要哪些基本要素?是否存在一个成功公式呢?

很多人在寻找答案,也有很多人试图回答这个问题。

一个爱说废话而不爱用功的青年,整天缠着大科学家爱因斯坦,要他公开成功的秘诀。

爱因斯坦厌烦了，便写了 $A=x+y+z$ 这个公式给他，并解释道："A 代表成功，x 代表艰苦的劳动，y 代表正确的方法……"

"z 代表什么？"青年迫不及待地问。

"代表少说废话。"爱因斯坦说。

卡耐基在论成功时形象地说，烹调"成功"的秘方是把"抱负"放到"努力"的锅中，用"坚忍"的小火炖熟，再加上"判断"做调味料，他的成功公式是"成功＝努力＋抱负＋坚忍＋判断"。

季羡林则认为"成功＝勤奋＋天资＋机遇"，其中最需要强调的是勤奋。因为天资是由"天"来决定的，机遇是不期而来的，我们也无能为力。只有勤奋一项完全是我们自己决定的，我们必须在这一项上狠下功夫。

有人对这种"加法形式"的成功公式表示质疑。有些人很勤奋，资质也高，但一直没机遇，一辈子都没成功。而用季羡林的成功公式来套，成功＝勤奋＋天资＋机遇，前两项得分很高，总分也不差。可是没有成功，成功＝0。

于是便有人将成功公式改进为乘法形式，譬如有人认为：

100%成功＝100%意愿×100%方法×100%行动。给出的解释是：$1\times1\times1=1$，要想获得成功，三要素不是各占百分之多少，而是必须全部都是百分百。它们不是加法关系，而是乘法关系。三要素任何一项为0，结果都是0。如果意愿为0，即不想成功，不想达到目标，可想而知结果一定是0；如果方法为0，即没有方法或方法错误，即使意愿、行动都是100%，结果都是0；如果行动是0，即不努力付诸行动，此时任何意愿都是假的，任何方法都帮不了他获得成功。

$50\%\times50\%\times50\%=12.5\%$，现实中100%、0%的人是极少的，大都是半对半。可以看出成功率不是50%，而是12.5%，失败率达87.5%，十有八九不成。人们常常不缺目标，但是十有八九都达不成，现在慢慢了解其中的缘由。

60%×60%×60%=21.6%，每项要素都增加一点点，21.6%的成功率虽然不算高，但是相对12.5%几乎有了成倍的增长。这说明成功最快的速度、最轻松的方法之一就是每个方面都进步一点点。

80%×80%×80%=51.2%，要想获得五成胜算，在每项要素上都要付出80%以上的功夫。

我们要注意，爱因斯坦、卡耐基、季羡林的成功公式中的加号不是四则运算中简简单单的加号，公式里每一个加数都是成功必需的要素，但每个要素的重要性是否一样，每个要素如何影响成功，这是加法公式没有考虑到的。

从加法形式到乘法形式，考虑确实更深入，但也并不意味着公式就更完美。有些天才率性而为，并不刻意去定目标，下苦功，最后也成功了，而在乘法形式的成功公式里，不勤奋的人成功的可能性是零。

三百六十行，行行出状元。有些行业更需要天赋，譬如艺术；有些行业更需要机遇，譬如经商。加上大家对成功的理解不同，出现各种各样的成功公式也不奇怪。问题是，当你提出一个成功公式时，你要能自圆其说，而不能自相矛盾。

在一本成功学著作中，有这样一个成功公式：作者认为一个人的成功需要天赋、教育和机遇。这三要素分别构成三角形的三边，用三角形的面积大小来表示成功程度。网文《教师，何以“致远”》也有类似看法：

有人把读书、积累、写作比作三角形的三条边，三条边越长，三角形的面积就越大。

事实上，三角形的三边越长，面积不一定就越大。譬如，三边都很长，其中两边之和略大于第三边，这样的三角形很扁很扁，甚至像一条线段一样。

有人问金庸："看您的小说，感觉您博学多才，举凡历史、政治、古代哲学、宗教、文学、艺术、电影等都有研究，作品中琴棋书画、诗词典章、天文历算、阴阳五行、奇门遁甲、儒道佛学无所不包，您是怎么做到的呢？"

金庸回答："我什么书都看一点。写作时只写我了解的东西，有时临时会找点资料。如果实在搞不懂，就不提，避开就是。"

所谓术业有专攻，遇到自己不熟悉的问题，出错也不足为奇。我们在写作时，对于没有把握的内容，尽量多查资料，实在不行，最好避开。

3.5　错误的前提，荒谬的结论

网络上流传这么一段话：

每年高考出分的时候，哭一批笑一批。高考不过是个门槛，只有上过大学的人才知道，四年后的风骚，谁的天下，都别说得太早。其实文凭不过是一张火车票，清华的软卧，本科的硬卧，专科的硬座，民办的站票，成教的在洗手间挤着。火车到站，都下车找工作，才发现老板并不太关心你是怎么来的，只关心你会干什么。突然想起比尔·盖茨的话：难道坐头等舱会比坐经济舱先到达目的地吗？所以不要对孩子提出过于苛刻的要求，站一路也是一种历练！

这段话对于考试不佳的同学而言，确实是一种安慰，所以各种论坛、QQ群、朋友圈疯狂转发，也不足为奇。

这段话用坐火车来比喻，目的是得出结论：火车到站，大家同时到了同一个目的地，这时大家再同台竞技。

这段话最大的问题是，前提条件缩小了各类大学的差异性。文凭是火车票吗？有些文凭可能是飞机票，有些文凭可能是动车票，有些文凭可能是汽车票，有些文凭可能上不了车……

有些大学一入学就有高额的奖学金，有的还有本硕连读，有的不到毕业在大二大三就有公司预定。有些大学则没有这些好条件，毕业即失业。就算最后一起毕业了，拿着不同的文凭所能见到的老板也是不一样的。而在大学四年中，不同学校所能学到的东西相差很大。你若在开始时落后，要想反超，需要付出更多。

我有一个朋友负责招聘，当他在朋友圈转发这一段话之后，又发了一条招聘信息，其中一句是：要求211大学毕业，985大学优先。这就是现实。鸡汤好喝，多半无益。

启示1：结论是建立在条件基础上的。前提是否可靠，直接影响结论的正确性。在数学中，尤其要注意。我们可以看一个经典案例：

假设0=1，则上帝=魔鬼。

证明：因为0=1，于是0×(上帝－魔鬼)=1×(上帝－魔鬼)，即0=上帝－魔鬼，所以上帝=魔鬼。

启示2：用比喻来论证，其好处是方便理解，但也容易失了本质。可以再看一个经典案例：

夫妻离婚争孩子，老婆理直气壮地说："孩子从我肚子里出来的，当然归我！"

老公说："笑话！取款机里取出来的钱能归取款机吗？还不是谁插卡归谁！"

看似是类比，实则两者已经失去了本质共性，不可相提并论。

英国哲学家罗素有一个著名的关于逻辑的笑话，就是“罗素＝教皇”。

乍一看人们都免不了惊诧：罗素是罗素，教皇是教皇，二者虽然都属名人，却是两个迥然不同的生命个体，职业不同，体形各异，完全不可能存在相等的关系。

但是罗素却认为，从一个错误的前提出发，一定会推导出一个荒唐的结论。

那么，“罗素 = 教皇”的结论是怎样出现的呢？请看罗素的逻辑推论：假如 3 = 2 这个前提存在，那么这个等式两边各减去 1，等式仍然成立，即变成 2 = 1。如果把 2 = 1 这个等式两边的数字符号置换成人的话，就变成了这样的结果：罗素 + 教皇 = 一体，既然罗素与教皇是二位一体的，那么“罗素 = 教皇”的结论成立。

以上的逻辑推导过程可以说是无懈可击的，但这个结论显然是错误的。那么错在哪呢？毫无疑问，错在前提。如果一个结论的逻辑前提是错误的，它的推导过程无论多么精细，其结果都必错无疑。

3.6　定价 25 元的书为何卖到 88 元？

我在“彭翕成讲数学”公众号和读者朋友做了一次博弈活动。参与方式是大家自由打赏。打赏金额前 3 位，每位可得到《面积关系帮你解题(第 3 版)》签名本一本。

如果只有 3 人打赏，分别打赏 3 元、2 元、1 元，那么这 3 个人都可得到这本书。其中 1 元钱得到的最划算。

如果只有 4 人打赏，分别打赏 4 元、3 元、2 元、1 元，那么打赏 1 元的最亏，白付出 1 元。

出价高，得到书的可能性大，但造成浪费。而出价低，虽然可能低价占便宜,也可能钱书两空。

书的定价 25 元 + 运费 10 元 + 张景中先生签章 + 彭翕成签名 + 读者对本公众号的喜爱程度,算起来出价多少合适呢?

经过一天的实验,答案终于揭晓。共 19 人参与,分别打赏如下:

1	任*	3
2	木*	3
3	阿**	3
4	吃**	6.66
5	我***	8
6	刘**	10
7	凯*	10
8	郭**	10.1
9	重******	20
10	王*	21.68
11	海*	25
12	不********	39.42
13	翟**	40
14	吴*	50
15	阿*	50
16	明***	50
17	赵**	52
18	云*	53
19	小*	88

如果完全按照说好的规则来,出价最高的 3 位是小宋、云昀、赵鑫鹏,分别出价 88 元、53 元、52 元。

一本书定价 25 元,加上运费也就 35 元,为何会出价 88 元?是不是彭翕成找来的托呢?

对于这种阴谋论者,我也不想多作解释。

从经济学角度分析,物品价值 = 公有价值 + 私有价值。

这本书含邮费的价值为 35 元,可看作是公有价值,也就是社会普遍认可的价值。至于作者签名价值几何,则取决于读者对作者的喜爱程度,属于私有价值。

1971 年,美国博弈论专家苏比克曾经做了一个“美元拍卖”的实验，业界对这个实验评价很高，认为看似简单，但极有娱乐性和启发性。

“美元拍卖”实验规则有两条：

1. 价高者得，新的报价必须高于上一次报价。

2. 报出第二高价者也要付出他最后一次报价的款项，但什么也得不到。当然没人想成为这样的人。

拍卖品是1美元。大家都希望以1美分的代价得到它，所以立刻有人喊1美分。紧接着有人出价10美分，第二次报价让第一个报价的人处于不舒服的地位，因为他成了次高报价者。如果拍卖这时结束，他将要白白付出1美分，所以他很急切地要重新报价，以此类推。当报价达到1美元这个关卡，大家开始犹豫观望。接着又开始报价，最终以205美分成交。

博弈实验证明，可以以远远高于1美元的价格卖出一张1美元纸币。参与竞价的人在这个陷阱里越陷越深，骑虎难下。人生难逃名利两关，从名的角度来讲，我们希望挽回面子，证明自己是最好的玩家及处罚对手等；从利的角度来讲，我们希望赢得利益，挽回损失，避免更多损失。

开始，大家希望以小博大，以低价赢得高价的奖品，希望自己的出价是最后的出价。于是，大家不断竞价，进入一个陷阱中，由于他们已经付出较多，难以脱身，希望再增加投资以摆脱困境，但已身不由己。当出价高过奖金时，不管自己再怎么努力都是“损失者”。不过，为了挽回面子或处罚对方，有些人不惜“牺牲”地再次抬高价码，好让“对手损失得更惨重”。

比较理智的做法应该是，第一人出价到1美元时，其他人都不再出价。

我开展的活动与“美元拍卖”实验有相似之处，但也有较大不同。

相似之处是，会有某些参与者成为“牺牲者”，即使是博弈的胜者，出价也是最高的，是否划算？

不同之处是每人只出价一次，且互相不知道金额；而且很多网友出价并不是为了得到赠品，而是出于对我的鼓励和支持。所以这些滚烫的感情支持是不能用冷冰冰的博弈观来衡量的。

3.7 从“什么是马赛克”谈起

2016年1月3日，安徽发生女童被抢案，随即引发广泛关注。在各方努力下，5日，嫌犯被抓，被抢女童获救。6日，官方微博发布嫌犯照片，并写道：“因为上午发布的嫌疑人照片未作处理，引发某些群众不适，所以下午在照片中给嫌疑人面部特别作了马赛克处理。”配图中嫌犯头发部位出现“马赛克”三个字，引发了观众的热议。

网友们出于对人贩子的厌恶，纷纷为这种新型马赛克点赞。也有人从法律角度出发，谈是否应该给嫌疑人打上真正的马赛克。

那什么是马赛克？

马赛克原指建筑上用于拼成各种装饰图案的片状小瓷砖，现多指一种图像（视频）处理手段，此手段将影像特定区域的色阶细节劣化并造成色块打乱的效果，这种模糊画面看上去由一个个小格子组成。其目的通常是使人无法辨认。

但也可以认为，马赛克就是马赛克（自指为“马赛克”三个字），好比A就是A，即所谓自指。

老师在黑板上出了一道题：$8\div2=$？然后问大家：把8分为两

半等于几?

小皮回答:"等于0!"老师说:"怎么会呢?"皮皮解释:"上下分开!"

小丁说道:"不对,那应该等于耳朵!"老师:"哦?"丁丁回答:"左右分开呗!"

这两个学生混淆了词语的他指与自指,违背了同一律。老师所讲的8指的是一个数,是他指;而这两个学生所理解的8却是8这个符号本身,是自指。也就是老师和学生所指不是一回事,因此闹出笑话。

一个词用于指称某一种事物或事物的属性时,称为他指。譬如"人是有感情的",此处的人指的是人这一类事物,属于他指。

一个词只用来指称自身时,称为自指。譬如"人由一撇一捺组成",此处的人指的是"人"这个字本身,属于自指。

一位禅师伸出食指,问徒弟:这是什么?

徒弟说:这是1。

禅师说:这是手指啊!

食指自指,表示一根手指。食指他指,则可代表数字1。

3.8 先问"是不是",再问"为什么"

做研究非常忌讳事先假定错误的事实,然后装模作样地去论证。

譬如有人在网上问:为什么这几年清华没有北大发展得好?于是引起一大堆人跟帖,大谈特谈北大这几年采取了什么措施,取得了哪些成果……

我想:要是此时另开一帖,问为什么这几年北大没有清华发展得好,估计评论人员也不少。其实大家在回答的时候,已经不自觉地被提问者牵着鼻子走了,而没有反思:最近几年清华和北大到底谁发展得好?是基于哪一套评价体系?

晋惠帝执政时期,有一年发生饥荒,百姓没有粮食吃,只得挖草根,食观音土,甚至活活饿死。消息被报到皇宫中,晋惠帝听完大臣的奏报后,大为不解。“善良”的晋惠帝很想为他的子民做点事情,经过冥思苦想后终于悟出了一个“解决方案”:百姓肚子饿,没米饭吃,为什么不去吃肉粥呢?(百姓无粟米充饥,何不食肉糜?)

晋惠帝犯的也是同样的错误。他应该先问老百姓是不是有肉吃,再问老百姓为什么不吃肉。

求$\sqrt{1-\sqrt{1-\sqrt{1-\sqrt{1-\cdots}}}}$。

设$\sqrt{1-\sqrt{1-\sqrt{1-\sqrt{1-\cdots}}}}=x$,$\sqrt{1-x}=x$,取正根为$x=\frac{\sqrt{5}-1}{2}$。

这样解对吗?将$\sqrt{1-\sqrt{1-\sqrt{1-\sqrt{1-\cdots}}}}$看成数列$\{x_n\}$中的元素,$x_1=\sqrt{1}=1$,$x_2=\sqrt{1-\sqrt{1}}=0$,$x_3=\sqrt{1-\sqrt{1-\sqrt{1}}}=1$,$x_4=\sqrt{1-\sqrt{1-\sqrt{1-\sqrt{1}}}}=0$,…,也就是数列$\{x_n\}$为1,0,1,0…,根本不存在极限。

这也是同样的道理,先要问$\sqrt{1-\sqrt{1-\sqrt{1-\sqrt{1-\cdots}}}}$是不是存在极限,接着才能设为$x$。

3.9　关于医疗和教育的对比

李镇西老师写了一篇文章《最好的学校要招最好的学生?》,该文的主要观点如下:

医疗和教育当然有各自的特点,但就从业者的专业要求与职业尊严来说,应该有相通之处,那就是面对的职业对象(病人或学生)越难(难治或难教),对从业者(医生或教师)的专业水平要求就越高。但我们看到的却是,所有一流医院收治的都是最难治的病人,而几乎所有一流的中学招收的却是最好教的学生!为什么所有一流医院收治的都是最难治的病人,而所有一流的中学招收的却是最好教的学生?

我们遇到此类问题,要先问是不是,然后再问为什么。

那是不是"所有一流医院收治的都是最难治的病人"呢?

显然不是。

据我所知,即使是同济、协和这样的全国著名医院,大部分科室、大部分时间看的都是普通的病,也从未听说他们将感冒发烧的病人拒之门外。只是,如果一流医院诊治了一个疑难杂症,带来的社会反响就很大,于是让人产生错觉,好像一流医院专治疑难杂症,对于病危病人也能起死回生。

众所周知,一流医院主要集中在省会城市等发达地区。人口调查表明,我国人口约14亿,农村人口和城镇人口约各占一半,城镇人口也大多分布在小县城、地级市。

假定疾病是均匀分布的,而不是专门挑大城市的人,那么相当多的病人是从乡镇医院转到县城医院、市级医院、省级医院、全国一流医院的。完成这个转换,可能是几天,也可能是几个月、几年;在转换过程中,相当部分病人或者治好了,或者放弃治疗了,或者死掉了……真正最后转战到一流医院的是少数,是生命力顽强的、家里有钱的。也就是说相当部分病人,在进入一流医院之前,已经被其他医院"处理"掉了,其中有相当部分是难治的病人。

也就是说,对于难治的病人,其他医院也收治了,并没有完全推给一流医院。好比一些一般学校也接收了一些好教的学生。

一个病人要想生存(大城市、有钱人除外,如上文分析,这种人比例不大),享受好的医疗条件,可能要经历乡镇医院、县城医院、市级医院、省级医院、全国一流医院。好比一个学生,要想享受好的教育资源,也需要经过层层考试选拔。如果有钱,也可以一步解决,甚至享受国外资源。

我明白,李镇西老师希望以医疗资源反衬教育资源的不均衡,但事实上,医疗资源又真的均衡吗?大城市的人感冒发烧都可以去一流医院,而小城镇的人呢?

以医疗反衬教育,这种写作手法没问题,而一旦医疗这个参照物站不住脚,李老师的其他观点也就失去了根基。

3.10 网页投票有意义吗?

有一段话曾在QQ群里疯传:

再不投票,200元以上教龄补贴就没希望了,排名已跌至第四了。

快给排名已退到第四的马秀珍提案投票,点"支持"二字就可。她的提案如果实施,教师的教龄补贴将提到200元至300元,不再是80年代的3元至10元。不要光是我们支持,可以向各自的老师群扩散,争取更广泛的支持!……

可以连续点击链接进去投票,电脑可连续刷新进行投票!

在此不讨论教师是否应该增加工资,我们要思考的是这种网页投票有无意义。

从逻辑上来分析,这种投票可认为是概率推理,因为投票→提案通过→增加200元补贴,每一步推理都不是必然的。

如果有很多老师参与投票,有可能造成一种呼声,这种呼声有助于大家关心这个提案,使得通过的可能性增大。

但注意到这不是全国人大常委会的官方行为,谁能保证投票的公正性,没有修改数据或刷票行为吗?连这个呼吁大家投票的人都让大家连续刷票,这样得出的票数真有说服力吗?

曾经在一次网络评选活动中,我的票数明明一直排在最前,但最后一小时内某些人的票数疯涨。一些读者还到处帮我拉票,但人工拉票能赶得上机器刷票吗?其公正性可见一斑。

有人说:"不管中不中,我投一票也无妨,刷票我们管不了,为于我们有利的事投一票耽误不了多少时间。"

是不是四处拉票就真的有利无害呢?

利倒是没有看到,正如上文分析,也就那么一点点用处吧。

而害处则是明显的。这种垃圾信息在网上四处传播,占据大家硬盘的存储空间,浪费大家的时间……

如果你真想为提高教师收入做点事情,可以做一点更实际的事情。譬如努力成为人大代表,去两会投票比去网站投票更实在。

又如教师可以努力提升自己各方面的形象,改善社会对教师的看法,让整个社会都觉得教师应该涨工资,而不是仅仅教师自己在呐喊。

学习数学,最重要的是培养一种理性思维,用数学的眼光看世界,作分析,而不仅仅是为了解几个题目。

数学解题只管中小学几年,数学思维可管一辈子。

3.11 幽默生动地讲函数定义

著名科普作家刘薰宇在讲函数的时候认为，板着面孔定义科学名词太乏味了。什么是函数，可以这样讲：

戏文中有这样的故事：某书生娶了富家千金，常被老婆教训。后来进京赶考当了官，衣锦还乡。可是他的老婆还是那么神气。他很纳闷："我穷的时候你向我摆架子，现在我当官了，你怎么还向我摆架子。"老婆回答很巧妙："亏你还是读书人，连水涨船高的道理都不懂吗？"

船的地位高低是随着水的涨落发生变化的。用数学语言表示，船的地位是水的涨落的函数。同理，在旧社会，女人是男人的函数。从大的方面讲，在家从父，出嫁从夫，夫死从子。从细的方面讲，女人一生下来，若父亲是官僚政客，她就是千金小姐；若父亲挑粪担水，她就是丫头。这个地位一直到她嫁人才得以改变。若她嫁的是大官僚，她便成了夫人；嫁的是小官僚，她便是太太；嫁的是教书匠，她便是师母；嫁的是生意人，她便是老板娘；嫁的是 x，她便是 y。y 总随 x 改变，自己全然不能做主。这和水涨船高不就是一样的吗？

函数是比较抽象的概念。教学时需要使初学者明白函数用来刻画两个变量之间的相依关系：一个变量变化，另一个变量也随之变化。刘先生以旧社会妇女没地位，处处要服从男人这个事实，作为从属关系的例子，把"一个变化，另一个也跟着变"的道理说得幽默生动。

不管是数学教育工作者还是段子手，看看这样的科普书，都会有所受益。当然，在现代社会，男尊女卑的思想要摒弃。

3.12 数学段子也要创新

在讲解概率的时候，我喜欢讲这个段子。

某人去参观气象站，看到许多预测天气的最新仪器。

参观完毕，他问站长："你说今天有40%的机会下雨，是怎样计算出来的？"

站长没多想便答道："那就是说，我们这里有5个人，其中2个认为会下雨。"

这个故事之所以被当成笑话，是因为预测天气需要利用先进仪器，加以数据分析，而不是凭个人感觉。但是，故事并不是毫无可取之处，至少气象站做了一个基本工作，将5个人的意见进行分类和统计。

我们生活中很多事情都是如此处理的。在面对难以决策的问题时，通常都会投票决定。一般情况下某方赞同者超过半数即为取胜。但对有些重大问题要求更高，譬如要求得票率达$\frac{2}{3}$以上。因为正反双方得票数差不多各占一半时，虽然某方稍高一点，说明此事争议很大，还是谨慎为好。

有位老师上课也讲这个段子，发现效果不错，接下来每年都讲。结果有一次被学生评价为没有新意。因为现在的学生上网多，各种段子都见过。

上面这个段子，好吗？我觉得挺好。但也要注意，很多段子第一次听到时觉得很有意思，第二次再听就索然无味。

3.13 学数学真的要一丝不苟

对于大多数不从事数学相关职业的人而言，学习数学最重要的是学会理性分析、独立思考，至于解一元二次方程、分解因式这些具体的知识，应付一下考试也就过去了，参加工作之后基本上就再也没用过。

《学数学要一丝不苟》一文为了佐证自己的观点，用了两则故事。一则是：

1962 年，美国发射了一艘飞往金星的“航行者一号”太空飞船。根据预测，飞船起飞 44 分钟以后，9800 个太阳能装置会自动开始工作；80 天后，电脑完成对航行的矫正工作；10 天后，飞船就可以环绕金星航行，开始拍照。可是，出人意料的是，飞船起飞不到 4 分钟就一头栽进大西洋里。这是什么原因呢？后来经过详细调查，发现当初在把资料输入电脑时，有一个数据前面的负号给漏掉了，这样就使得负数变成了正数，以致影响了整个运算结果，使飞船计划失败。一个小小的负号竟使得美国航天局白白浪费了一千万美元、大量的人力和时间。

我读小学的时候，也有老师讲过搞错小数点位置导致宇宙飞船爆炸的故事。本意是希望我们养成学习认真的好习惯，但我很恐惧，很担心将来要是从事这样的行业，是不是也会点错小数点导致机毁人亡？这给我留下很大的心理阴影。

成年之后，对事情了解更多一些。一个飞船上天需要耗费大量人力、物力，是无数科学家长期准备的结果，其数据是反复核算的，几乎不可能出现这种丢失负号、点错小数点的情况。所以很多故事都是编造的，经不起推敲。

据国家航天局的信息:格林尼治时间1962年7月22日,美国发射“水手1号”探测器,其任务目标是飞越金星,携带6种科学探测仪器,发射质量为202.8千克。但是,由于发射弹道出现偏差,火箭和探测器于发射后290秒被烧毁。

我们大多数人对航天都是陌生的,那么只有相信专业人士。这两段文字比较而言,前者故事讲得栩栩如生,后者报道十分专业,各有特点。前者的飞船名是“航行者一号”,后者的探测器名是“水手1号”(资料表明,美国后续探测器也都是以“水手”命名的);出事时间上,前者是“飞船起飞不到4分钟”,后者则是“发射后290秒”;出事原因上,前者“漏掉了一个负号”,后者则是“发射弹道出现偏差”;最终结局上,前者是“飞船栽进大西洋里”,后者则是“被烧毁”。

短短两段文字差异很大,可初步断定“漏掉负号导致飞船坠毁”的故事存在与实际不符的问题。而丢失负号是否会导致飞船坠毁,还需要进一步查证,也有可能查不到这方面的资料。一方面飞船坠毁这种事故原因复杂,并不是那么容易查出;另一方面航空属于国家机密,就算查出原因了,也未必会公布。从已有材料来看,“漏掉负号导致飞船坠毁”的故事编造痕迹很重,经不起推敲。

另一则是:

从前,医生常推荐儿童和康复的病人多吃菠菜,据说它里面含有大量的铁质,有养血、补血的功能。可是几年前,联邦德国化学家劳尔赫在研究化肥对蔬菜的有害作用时,无意中发现菠菜的实际含铁量并不像书上所讲的那么高,只有所宣传数据的$\frac{1}{10}$!劳尔赫感到很诧异,他怀疑是不是他所实验的那种菠菜特殊,于是便进一步对多种菠菜叶子反复进行分析化验,但从未发现哪种菠菜的含铁量相对于别的蔬菜特别高的情况。于是他探究有关菠菜含铁量很高的“神话”到底是从哪里来的。最后发现,原来是90多年前,印刷厂在排版时,把菠菜含铁量的小数点向右错移了一位,从而使这个数据扩大了10倍。

这一则故事的误会,已经有人查清来龙去脉了。参看果壳网的《“菠菜富含铁”源于点错小数点?》,结论是没有搞错小数点这回事。

教育学生要一丝不苟,这没错,但教育者首先要一丝不苟才好。

3.14 红包接龙的数学分析

春节期间,很多微信群变成了红包群。微信中的“拼手气红包”带有随机性,随机性增加了参与抢红包的刺激性和娱乐性,甚至被人利用当成“赌博”的道具。

本来中国人过年,发红包是常事,图喜庆,也无须计较什么得失。但在有些微信群里,搞红包接龙,使得红包变味。

玩法1:群主先发S元红包,随机分成n份(n为群里人数),手气最佳者(抢得红包最大者)继续发红包,也为S元,分成n份,下一个手气最佳者继续……

这种玩法较为简单。从短期来看,每人每次抢得红包金额有多有少。从长期来看,每玩一次,每人抢得的金额最可能为$\frac{S}{n}$元;而每次抢,都有可能成为手气最佳者,可能性为$\frac{1}{n}$,需要接着发出S元红包。这样看来,每人每次收益的期望值是$\frac{S}{n}-\frac{1}{n}\times S=0$。从长期来看,这样的玩法属于零和游戏,大家没输没赢。当然这只是理论分析,事实上会有些差别。

如果只是图个乐呵,可以用上述玩法。但如果考虑得失,就会有问题了。只有从长期来看,大家的收益才能基本持平。但从短期来看呢,譬如取极端值,只玩一次,第一个发红包的群主不就亏了吗?就算再多玩几次,群主也很难回本。于是群主提出要抽成。

玩法2:群主先发 S 元红包,随机分成 n 份(n 为群里人数),手气最佳者需要向群主交“好运费”a 元,然后继续发红包,为 S 元,分成 n 份,下一个手气最佳者继续……

这样,从长期来看,每人每次抢得的金额最可能为 $\frac{S}{n}$ 元;而每次抢,都有可能成为手气最佳者,可能性为 $\frac{1}{n}$,需要接着发出 S 元红包,交“好运费”a 元。也就是每人每次收益的期望值为 $\frac{S}{n}-\frac{1}{n}\times(S+a)=-\frac{a}{n}$。这样分析就会发现,看似每一次抢红包,抢多抢少,有输有赢,实则每个人都是输家,每次输 $\frac{a}{n}$,这钱被群主赚了。玩得次数越多,群主独赚的可能性就越大。当然这只是理论分析,事实上会有些差别。

还有其他的玩法,譬如手气最佳者特定倍数接龙。群主率先在群内发出第一个拼手气红包(几个至几十个不等),手气最佳者按照所获得的金额乘相应的倍数(从几倍到几十倍不等)接力发红包,以此类推,不断循环。

这样玩分析起来就更复杂了。但总的一条,如果微信系统真的随机分配红包金额,玩家也没人作弊,也没抽成,即钱总是转来转去的话,那么最终每个人的收益基本上是持平的。但只要有抽成,哪怕每次抽很少,最后所有赌资都将流向群主一人。

3.15 赌博必胜的绝招

小时候想到一个赌博必胜的绝招。

假设两人赌博:抛硬币猜正反面。第1局,我下注1元,若赢则退出游戏,若输则进入下一局;第2局,我下注2元,若赢则退出游戏,若输则进入下一局;接下来,我若持续输的话,分别下注4元、8元、16元、32元……而只要赢一次就退出游戏。这样一来,我就可以必赢1元。

若有人看不起1元,不妨把1元改成1万元。

有人会说:赢了就想走,其他人肯定不同意啊。

事实上,在大多数赌场随时可以走。赢了不让走,那谁还去赌呢!

假设你某一天运气不好,前几次都输了,你要不要下注64元去赢取1元呢?就算赢了,动用的资金是不是有点多?我认为,这样做失去了赌博的乐趣。更重要的是,你没那么多的赌本可以让你无限制地持续下去。

如果你真的有很多的资本,譬如有100元,使之增值为101元确实是容易的。按照上文的下注方式,100元至少可以下注6次,$1+2+4+8+16+32=63<100$,而假定每次输赢概率为0.5,则连输6次的可能性为$0.5^6=0.015625$。这意味着100元增值为101元的可能性超过98%。

美国的一家报纸上登了这么一则广告:“一美元购买一辆豪华轿车。”

哈利看到这则广告时半信半疑:“今天不是愚人节啊!”但是,他还是揣着一美元,按着报纸上提供的地址找了去。

在一栋非常漂亮的别墅前面，哈利敲开了门。

一位高贵的少妇为他打开门，问明来意后，少妇把哈利领到车库，指着一辆崭新的豪华轿车说："喏，就是它了。"

哈利脑子里闪过的第一个念头就是："是坏车。"他说："太太，我可以试试车吗？"

"当然可以！"于是哈利开着车兜了一圈，一切正常。

"这辆车不是赃物吧？"哈利要求验看证件，少妇拿给他看了。

于是哈利付了一美元。当他开车要离开的时候，仍百思不得其解。他说："太太，您能告诉我这是为什么吗？"

少妇叹了一口气，说："唉，实话跟您说吧，这是我丈夫的遗物。他把所有的遗产都留给了我，只有这辆轿车，是属于他那个情妇的。但是，他在遗嘱里把这辆车的折卖权交给了我，所卖的款项交给他的情妇——于是，我决定卖掉它，一美元即可。"

哈利恍然大悟，他开着轿车高高兴兴地回家了。路上，哈利碰到了他的朋友汤姆。汤姆好奇地问起轿车的来历。等哈利说完，汤姆一下子瘫倒在地上："啊，上帝，一周前我就看到这则广告了！"

什么事都有可能发生。那些连奇迹都不敢相信的人，怎么能获得奇迹呢？

看过这则故事，你要是再看到"一元买汽车"的广告，会不会按地址找上门去呢？我想我不会。

万一是真的呢？

假设汽车价值 10 万元，"万一"是真的，则收益是 $\frac{1}{10000}\times 100000-1=9$ 元。也有可能是假的，不妨设误工费、路费为 100 元，则损耗为 $\frac{9999}{10000}\times 100\approx 100$ 元。总的来说，期望值为 $9-100=-91$ 元。

这是不是因为我把“真的”的概率假设太低？

我也承认，我这样假设确实也没有太多的科学依据。

以前看《三国演义》，看到《空城计》这一段，心想司马懿完全可以派一支小分队杀进城去，他的收益为：诸葛亮的价值×空城的概率－小分队的价值×中埋伏的概率。所谓“千军易得，一将难求”，诸葛亮的价值是很高的，司马懿完全可以一试。司马懿选择退兵，可能是考虑到诸葛亮的行事风格，觉得中埋伏的可能性极大，没必要白白浪费将士性命。

《空城计》这段故事是虚构的。编造者是为了突出诸葛亮神机妙算，能以一座空城退敌。但编造者是否想过：如果诸葛亮真的这么神，能掐会算，怎么会将自己置于如此险地？

3.16 只有“态度”能打 100 分？

不止一次看到这篇文章：

如果令 A，B，C，D，…，X，Y，Z 这 26 个英文字母分别等于 1，2，3，4，…，24，25，26 这 26 个数值，那么如何才能得到圆满的 100 分呢？

HARD WORK（努力工作）：H + A + R + D + W + O + R + K = 8 + 1 + 18 + 4 + 23 + 15 + 18 + 11 = 98。

KNOWLEDGE（知识）：K + N + O + W + L + E + D + G + E = 11 + 14 + 15 + 23 + 12 + 5 + 4 + 7 + 5 = 96。

LOVE（爱情）：L + O + V + E = 12 + 15 + 22 + 5 = 54。

LUCK（好运）：L + U + C + K = 47。

这些我们通常非常看重的东西都不是最圆满的，虽然它们非常重要，那么，什么能使得生活变得圆满呢？

是 MONEY(金钱)吗？不！M + O + N + E + Y = 13 + 15 + 14 + 5 + 25 = 72。

是 LEADERSHIP(领导能力)吗？不！L + E + A + D + E + R + S + H + I + P = 12 + 5 + 1 + 4 + 5 + 18 + 19 + 8 + 9 + 16 = 97。

那么,究竟什么能使生活变得圆满呢？是 ATTITUDE(态度),A + T + T + I + T + U + D + E = 1 + 20 + 20 + 9 + 20 + 21 + 4 + 5 = 100。

正是我们对待生活的态度,能够使我们的生活达到 100 分的圆满。你用什么态度去看待世界,你就会得到什么样的世界。

第一次看到这篇文章,我就觉得十分可笑。后来看到很多报刊发表类似的文章,很多网友也转发,心里很纳闷,这玩意还真有人信。这篇文章有没有道理呢？

大胆猜测一下,始作俑者是从"态度决定一切"这句话出发,无意中发现规律 A + T + T + I + T + U + D + E = 1 + 20 + 20 + 9 + 20 + 21 + 4 + 5 = 100,于是从结果出发去做假设。至于将 HARD WORK、KNOWLEDGE、LOVE、LUCK 这些词拿来比较,只不过做做样子罢了。

设 26 个字母对应 26 个数字,当然可以。从数学角度来看,我们可以提出任何假设,并基于这些假设进行推理,问题是得到 100 之后,将 100 和圆满等同起来,就有偷换概念的嫌疑。就算 100 = 圆满,英文单词数以万计,那么真的只有态度(ATTITUDE)能打 100 分吗？

尝试一下创新(innovate),9 + 14 + 14 + 15 + 22 + 1 + 20 + 5 = 100。

尝试一下研究员(researcher),18 + 5 + 19 + 5 + 1 + 18 + 3 + + 8 + 5 + 18 = 100。

尝试一下 inflation,9 + 14 + 6 + 12 + 1 + 20 + 9 + 15 + 14 =

100。这个词意思很多，如膨胀、通货膨胀、夸张、自命不凡。

如果我们使用计算机编程查找，相信还可以找到更多可以得满分的词，这些词都是圆满的吗？

从常识来看，除去较短和较长的单词，多数单词由 5 到 10 个字母组成，那么这些加数凑成 100 的可能性还是较大的，很难说是唯一的。

人生会遇到种种困难，很多时候并不是仅靠着乐观的态度就能度过的，我们还需要其他，譬如努力学习，努力工作，有时还要靠点运气……

网络上，心灵鸡汤式的文章太多。心灵鸡汤充满知识、智慧和感情，温暖人心，传递正能量。偶尔读之无妨，若盲目迷信，沉溺其中，则难免有害。

普希金有一首著名的诗《假如生活欺骗了你》：

> 假如生活欺骗了你，不要悲伤，不要心急！忧郁的日子里需要镇静：相信吧，快乐的日子将会来临。心儿永远向往着未来，现在却常是忧郁。一切都是瞬息，一切都将会过去，而那过去了的，就会成为亲切的怀恋。

拥有这样乐观的态度固然是好，但问题是，我们必须看清楚现实，现实是残酷的：假如今天生活欺骗了你，不要悲伤，不要哭泣，因为明天生活还会继续欺骗你。

3.17 没腿的蜘蛛没听力?!

网上嘲弄专家的段子很多。

> 为证明蜘蛛的听觉在腿上，专家做了一个实验：先是把一只蜘蛛放在实验台上，然后冲蜘蛛大吼了一声，蜘蛛吓跑了！之后

把这只蜘蛛又抓了回来，然后把蜘蛛的腿全部割掉，再冲蜘蛛大吼了一声，蜘蛛果然不动了！于是发表论文，证明了蜘蛛的听觉在腿上……

这则故事被当作笑话，是因为大家普遍把蜘蛛当人来思考，认为听靠耳朵，耳朵长在头上；割断腿后的蜘蛛能听见，只是腿断了，跑不动而已。

蜘蛛腿的功能可能是下面这几种情形。

情形 1：蜘蛛腿不具有听力功能，具有跑的功能。

情形 2：蜘蛛腿具有听力功能，具有跑的功能。

情形 3：蜘蛛腿具有听力功能，不具有跑的功能。

情形 4：蜘蛛腿不具有听力功能，不具有跑的功能。

通过观察，蜘蛛是靠腿在跑，所以情形 3 和 4 不成立。

剩下的情形不能简单否定，需要进一步的实验研究。大家普遍认可的情形 1 也未必可靠。

不可能人人都去做实验，但我们可以查资料。作为《十万个为什么》的编委，此时我当然要翻书出来秀秀。

在《十万个为什么》的动物分册，明确写到动物的"耳朵"很奇怪，位置也不一样。蝗虫的"耳朵"生在腹部第一节的左右两边，蟋蟀的"耳朵"却生在一对前肢的第二节上，而飞蛾的"耳朵"有的生在胸部，有的生在腹部。

进一步查阅资料发现，蜘蛛的腿部真的具有听力功能。

再回过头来看那个嘲笑专家的段子，我猜测是某人看了专家发的论文，知道蜘蛛的腿具有听力功能，然后编了前面的部分。

分析问题要列出所有可能性，然后逐一排除，切莫凭经验随意否定。

3.18 判断题有时并不难

填空题:哈佛大学的校训是________。

说实话,我答不上来。对于哈佛大学,除了它是美国名校,我几乎没有其他认知。譬如它在美国哪个州,有哪些优势学科,校友中得了多少次诺贝尔奖,出了多少位美国总统……我一概不知。

但是,出一个判断题:

哈佛大学校友得过诺贝尔奖。(　　)

我会打"√",虽然我也说不出是谁得了奖。如果给点时间去查资料,我会更有把握一些。但即使不查资料,我也会打"√",虽然这种直觉有时也会犯错。

再出一个判断题:

哈佛大学的校训:此刻打盹,你将做梦;而此刻学习,你将圆梦。(　　)

我会打"×"。即使我不知道哈佛大学的校训是什么,不过设身处地地想,若我是一所学校的校长,哪怕只是一所乡村小学,我也不会将这句话作为校训。道理很简单,把这句话作为校训,让人感觉这个学校的学生很喜欢睡觉。如果学生上课打盹,老师叫醒他,来这么一句,我会觉得这个老师很有水平。但将之作为校训,实在不妥。这是常识!

也许有人会质疑:你对哈佛大学了解如此之少,竟敢作如此肯定的判断,是不是有点武断?

确实有一点。如果条件允许,最好还是查查资料。

到哪查资料呢?

很多网站都写着“此刻打盹,你将做梦;而此刻学习,你将圆梦”是哈佛大学的校训啊!

我不信这些网站。

如果是专业期刊的网站也推送这样的消息呢?

我还是不信。

要是哈佛大学的官网上真的写着这句话,你还不信?

以我们学生时代的考试经验,计算题比填空题难,因为计算题不仅要结果,还要过程;填空题比选择题难,因为填空题没有备选答案;选择题比判断题难,因为选择题有四个选项。所以关于哈佛大学的校训,我即使答不对填空题,对答对判断题还是有信心的。因为判断题难度低啊!

我们每天都要接收很多信息。是不假思索、全盘吸收,还是斟酌考量、批判继承?如果是后者,虽然会花点时间,但对事物肯定认识更加清楚。关键是你有没有批判的意识。

问答题:简述哈佛大学的校训。

拉丁文:Amicus Plato,Amicus Aristotle, Sed Magis Amicus VERITAS.

英文:Let Plato be your friend, and Aristotle, but more let your friend be truth.

中文:与柏拉图为友,与亚里士多德为友,更要与真理为友。

哈佛大学校徽为传统盾形,寓意坚守、捍卫;底色为哈佛标准色——绯红。主体部分以三本书为背景,两本面向上,一本面向下,象征着理性与启示之间的动力关系。上面的两本书上分别刻有“VE”和“RI”两组字母,与下面一本书共同构成校训中的“VERITAS”,“VERITAS”在拉丁文中表示“真理”。

市场上还有《哈佛家训》销售,就更不靠谱了。

哈佛是一所学校,有校训可以理解,怎么可能有家训呢?

4
数 学 杂 谈

本章是与数学沾点边的趣味杂谈。

学习数学,分数很重要。因为没有考试分数,就没有今天。但只讲分数,就没有明天。

市面上各种应试宝典已经足够多了。这里谈点与考试分数不太相关的。

4.1 开方乘10记考分

一次,我对张景中先生感叹:"现在很多大学生平时用功不够,以致考试时分数普遍较低,不及格人数占很大的比例。这给任课老师带来麻烦,因为不少大学都有成文或不成文的规定,不及格人数不能超过某个比例,否则该课程考试作废,任课老师除了重新出试卷考试,还得写检查反省。"

张先生表示现在大学教育确实让人担忧,他说:"以前读书

(在北京大学)和教书(在中国科学技术大学)的时候,也有类似的事情。不过不是因为学生学得不行,而是由于那时候的老师不出送分题,每一个题目都有一定难度,所以如果平时不用功的话,考试及格是有困难的。遇到这样的情况,一些老师则会采取开方乘10的算分方法,减少不及格的人数。所谓开方乘10,就是将考试分数开方之后再乘10。不过,大学生们还是不希望老师用开方乘10这种记分法,因为这说明考试结果已经惨不忍睹了。"

学生考试不及格,老师想办法加分,这种做法是对是错,我在此不想评论。不过这种开方乘10的算分方法,比起那种每人加多少分更有数学味一些。

如果设原来考试得分为x,那么开方乘10后为$10\sqrt{x}$。容易发现,原来考0分和考100的人分数保持不变,可谓是"不动点";而原本要考60分才能及格,现在只要考36分就可以了。

假设一个学生的考试分数是从0到100随机取整数,那么开方乘10这种记分方法就将及格的概率从原来的40%提高到64%。但这个假设的前提是不成立的,因为现在考试的命题对难度有规定,一般都是要求基础题、中等题、难题的比例为6∶3∶1,即大部分分数都是很容易得的,倘若还按照开方乘10的算法,那么及格的概率远比64%高得多。一学生若连36分都得不到,那也确实无可救药了。

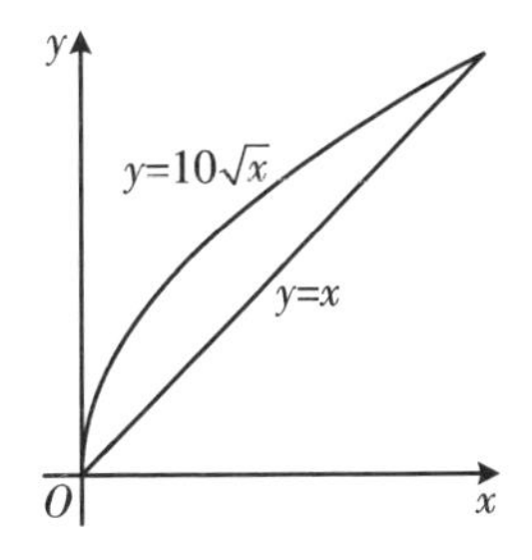

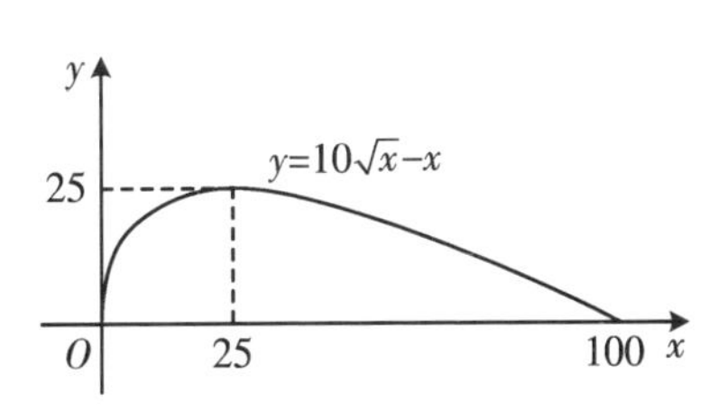

下面我们进行定量分析。

当$(10\sqrt{x}-x)'=\frac{5-\sqrt{x}}{\sqrt{x}}=0$时，求得 $x=25$，也就是说原来得25分的人加分最多，可以加25分。但这个加25分的人却不是最幸运的人，因为加分后仍然没有及格。幸运的人应该是原来得分在36至59之间的，开方乘10使他们从原来的不及格变及格了，而最幸运的应该是得36分的人，尽管他只加了24分。

当$0<x<100$时，$\left(\frac{5-\sqrt{x}}{\sqrt{x}}\right)'=-\frac{5}{2x\sqrt{x}}<0$恒成立，也就是说开方乘10这种记分方法除了两个极端(0分和100分)，其余的人都加了分。这应该皆大欢喜啊，但实际操作起来，还得考虑一个因素，就是考试分数都是整数，没有小数。那么，原来得分开方乘10之后还得进行一次四舍五入的操作。举例来说，甲如果考59分，开方乘10后为76.81，四舍五入后为77分。乙如果考60分，开方乘10后为77.45，四舍五入后也为77分。那么，一个原来及格了的人竟然和一个原本没有及格的人得一样多的分数。也许此时乙的心里会感到一些不平衡吧。

如果考试总分是120分(或150分)，那么公式改为$\sqrt{120x}$(或$\sqrt{150x}$)，原则就是端点不变，其余人或多或少都要加点分。

开方乘10记分的方法是谁最先创造的呢？有人说是钱学森先生。

钱先生担任中国科学技术大学力学系主任后，给科大首届力学系学生的开卷考试只出了两道题，第一道概念题，占30分；第二道题是真正的考验，题目是"从地球上发射一枚火箭，绕过太阳再返回到地球上来，请列出方程求解"，这道题可把全班学生都难住了。你若平时只会死读书而不会活运用，根本做不出来。考试从上午8:30开始，直到中午还没有一个人交卷，中间还晕倒两个学生被抬出去。钱先生宣布说:“吃午饭吧,吃完接着考。”直到傍晚也做不出来,大家只好交卷。成绩出来,竟有95%的人不及格。于是钱先生便想出了开方乘10的妙招,结果80%的人都及格了,皆大欢喜。

4.2 法乎其上,则得其中

法乎其上,则得其中;法乎其中,则得其下。

这句古语有很多版本。孔子教育学生时曾说:“取乎其上,得乎其中;取乎其中,得乎其下;取乎其下,则无所得矣。”而在《孙子兵法》中则稍有改动:“求其上,得其中;求其中,得其下;求其下,必败。”

不管如何改动,意思都差不多,都是告诫我们:做人做事目标要定得远大,在做的过程中尽可能向着最佳方向努力,纵然结果没有预期的那样完美,也能达到一般的水准。但是如果你一开始就甘于平凡,目标定得很低,最后结局可能就惨不忍睹了。

正因为如此,大家读书的时候都想选择名校,跟名师学习。哪怕在名校里排名稍微差些,总体上也是过得去的。而我们在学习过程中也要选择一些明显比自己强的人作为目标,这样才能进步,不至于原地踏步或者倒退。

做生意的人就深知这一点。假设卖一件衣服,100元钱是商家可接受的最低成交价。但他会叫价100元吗?若他叫价100元,可能会被人还价到80元甚至更低。若他叫价120元,则可能100元成交,赚得太少。所以叫价150元是合适的,很有可能在100~120元范围内成交。当然,如果这个商家狮子大开口,叫价200元,那么可能把顾客吓跑了。所以说,目标定得高些是好些,但也要适当。

人是群居动物,竞争在所难免。勇于表达自己的想法,争取利益最大化是人之常情。下面这个故事应该能给大家一点启发。

有两人要分100块钱,他们一人性格好强,一人软弱。好强者说:“我全要。”软弱者说:“我要一半就好了。”两人争执不下,正好有一个大学生经过,他们就让大学生来评判。

大学生问明缘由后,说:“在数学当中,我们分配东西,一般都是按比例分配,而最多的则是平分。你们可愿意五五分账?”

软弱者表示愿意,但好强者则认为:“凭什么他要一半就得到一半,而我的要求却打了对折。”

大学生说:“总共才100元,你要100元,他要50元,怎么分配都不可能两全,你们双方都得作一些让步才行。六四分账如何?”

好强者不同意,认为:“软弱者的要求从50元减到40元,而他从100元减到60元,让步得太多。”

大学生说:“你说得对,是我没有考虑清楚。应该是好强者得75元,软弱者得25元。各人离自己的最初目标都损失25元。损失一样,这下公平了。”

但这时候软弱者不同意了。他说:“我要求50元,你给我25元。我损失一半了。而好强者则只损失$\frac{1}{4}$,这不公平。”

大学生想想也是,于是请一位大学教授来帮忙。

教授说:“按75元和25元分配已经是最公平的了。分配是一个双方竞争的过程,不能简单地理解为按比例。我们先拿出50元给好强者,因为软弱者只要一半就好了,这说明其中50元是没有争议的。[①] 剩下的50元如何分配呢?其实局面已经很明显了。两个人都想要剩下的50元,那最公平的做法就是各占一半。最终

① 有观点认为,先拿50元给强者,没有道理。你认为呢?

结果就是按75元和25元分配。”

此时好强者和软弱者表示心服，而大学生却迷惑了：“软弱者损失一半，而好强者只损失$\frac{1}{4}$，这公平吗？”

教授说：“世间哪有绝对的公平！大家都有美好的愿望，不可能都实现，或多或少都要打些折扣，所以还是目标定得高些为好。”

接下来我们来看一个笑话：

有个人遇见上帝，上帝说：“现在我可以满足你的任何一个愿望，但前提就是你的邻居会得到双份的报酬。”那个人高兴不已。但他转念一想：“如果我得到一份田产，那么邻居就会得到两份田产了；如果我要一箱金子，那么邻居就会得到两箱金子……”他想来想去，总不知道该提出什么要求才好，但他实在不甘心被邻居白占便宜。最后，他一咬牙：“哎，你挖我一只眼珠吧。”

下面再看一则故事：

没学数学的厨师小饭馆生意的变迁

有位老板开了一家小饭馆。老板定了一份食谱，包括5种荤菜、7种素菜、3种汤、4种主食，每天各选一种，配成套餐轮流供应。没过多长时间，生意就一天好似一天，有时候忙得简直不可开交。老板高兴得不得了，就又增加了一位厨师。这位厨师为了取得老板的好感，不仅干起活来格外卖力，还增加了1种荤菜和1种素菜。可是，从此以后顾客却日渐减少，生意变得越来越冷清。后来，老板只好炒了他的鱿鱼，又恢复了原来的食谱，生意才又一天一天好了起来。

这是什么缘故呢？是这位厨师的手艺不行吗？不是。是这位厨师的脾气不好吗？也不是。是这位厨师不讲卫生吗？更不是。那么,到底是为什么呢?是周围的环境发生了变化?没有。是老板的时运走了背字?更是胡扯。那么,到底是为什么呢?总得有个理由啊!

理由嘛,自然是有的。是这位厨师的数学没有学好。

何以见得?你想啊!按照原来的食谱,5 种荤菜、7 种素菜、3 种汤、4 种主食,每天各选一种轮流配餐,循环一遍的天数是 5、7、3、4 的最小公倍数 420,一年多才会出现重复。可是,按照这位厨师的食谱,6 种荤菜、8 种素菜、3 种汤、4 种主食,循环一遍的天数是 6、8、3、4 的最小公倍数 24,不到一个月就重样。在人们喜欢口味多变的今天,这位厨师不倒霉才怪。

看来,不管干什么,不学好数学是不行的哟!

4.3 惯性思维、多项式、数列的下一项

有一个聋哑人进商店买一把剪刀,做了一个剪刀的动作;而一个盲人进去要买一把锤子,他要怎么做?

这是一个老笑话了。答案是:开口说“我要买锤子”。

从数学的角度来看,至少能给我们两点启发:一是类比迁移要注意本质,聋哑人、盲人虽都是残疾人,但就说话能力而言,两者有着本质的区别;二是回答问题要独立思考,不能顺口就答“做一个锤子的动作”。就像下面这道题:

有一个多项式 $P(x)$,且 $P(1)=1,P(2)=\frac{1}{2},P(3)=\frac{1}{3},\cdots,P(9)=\frac{1}{9}$,那么 $P(10)$ 为多少?

如果你顺口就答 $\frac{1}{10}$,那也没错。因为根据拉格朗日插值公

式，你随便答一个数都是对的。但如果我们加一个条件，情况就不一样了。

有一个 8 次多项式 $P(x)$，且 $P(1)=1, P(2)=\frac{1}{2}, P(3)=\frac{1}{3}, \cdots, P(9)=\frac{1}{9}$，那么 $P(10)$ 为多少？

不能再顺口作答了，因为给出的 9 个值已经把 8 次多项式 $P(x)$ 完全确定下来了。

$P(x)=\frac{1}{x}$，其中 x 为 1，2，…，9，则 1，2，…，9 都是方程 $x \cdot P(x)-1=0$ 的根，因此

$$x \cdot P(x)-1=c(x-1)(x-2)(x-3)\cdots(x-9)$$

对比常数项：$-1=-c \cdot 9!$，$c=\frac{1}{9!}$。所以 $10 \times P(10)-1=\frac{9!}{9!}=1$，$P(10)=\frac{1}{5}$。

4.4 小于等于＝不大于

同一问题有不同的视角和思路。当老师的要善于从不同的角度启发学生，以便当学生在某一思路上走进死胡同的时候，从另一思路引导学生。

譬如：$1 \leqslant 2$，对吗？有人认为不对，应该是 $1<2$ 才对，怎么可能等于呢？

跟他解释："$\leqslant$"的意思为小于等于[①]，这中间是或的关系，并

① 若读成"小于或等于"，意思就更清楚些。但习惯上省略"或"，造成了疑惑。

不需要二者同时成立。但他总是想不明白,怎么有等于的可能啊!

确实,$1<2$ 比 $1\leqslant 2$ 显得更为精确,更符合我们的表达习惯。但 $1\leqslant 2$ 确实也是对的。既然他已经走进死胡同了,我们就不从小于等于的角度来说,而是将“$\leqslant$”理解为“不大于”。

1 大于 2 吗?

不大于!

这就对了!

正因为这一问题让人迷糊,所以很有必要挖掘更多的材料帮助理解。明代冯梦龙所著《笑府》一书收录了《讳输棋》这则笑话,细细品来,对我们理解“小于等于”有一定的帮助。

有自负棋名者,与人角,连负三局。他日,人问之曰:“前与某人较棋几局?”曰:“三局。”又问:“胜负如何?”曰:“第一局我不曾赢,第二局他不曾输,第三局我要和,他不肯,罢了。”

两实数的比较结果无非是小于、等于、大于这三种情况。但有时为了考虑问题方便,可合并处理。譬如:将小于和大于合并为不等于;将小于和等于合并为不大于。这和实数既可分为负数、0、正数,又可分为负数和非负数是一样的。这样做将三分支的情况简化为两分支,处理起来更加方便。

两人下棋的结果也无非输、和、赢三种情况。我们完全可将输、和、赢与小于、等于、大于一一对应起来。

第一局 x 不曾赢 y,即对 $x>y$ 作出否定,等价于 $x\leqslant y$。

第二局 y 不曾输 x,即对 $y<x$ 作出否定,等价于 $y\geqslant x$,即 $x\leqslant y$。

第三局 $x\neq y$,意味着 $x>y$ 或 $x<y$;但 y 不同意等于,则否定掉了 $x>y$,结局是 $x<y$。

其实前两局也是 $x<y$,只不过这人好面子,想借 $x\leqslant y$ 来隐

藏,但他也并没有撒谎。从逻辑上来说,这人是个高手,对三分支的逻辑关系应用自如。

可猜测他们下的是中国象棋,如果是下围棋,非输即赢,没有和局,这人就无计可施了。

4.5 两对父子三个人?

有一个经典的脑筋急转弯:

古时候,两对父子去打猎,每人都猎得一只老虎,回家数一数,总共只有三只老虎。为何?

此问题有各种各样的版本,如:两对父子一起去照相,相片上为何只有三个人?

传统的答案很简单,就是:爷爷、爸爸、儿子祖孙三代[①],爷爷和爸爸是一对父子,爸爸和儿子是一对父子。这样两对父子就是三个人。

如果从数学角度思考,还有可挖掘之处。

一对父子是两个人,另一对父子也是两个人,并在一起变成了三个人。说明这两个父子集合有重合因素。

设两对父子为:父 1、子 1、父 2、子 2。父 1 和子 1 构成父子 1 这个集合,父 2 和子 2 构成父子 2 这个集合,两个集合合并只有 3 个元素,说明这两个集合中有公共元素。

设父 1 = 父 2,则可推出这两对父子是:一个爸爸 + 两个儿子。

设父 1 = 子 2,则可推出这两对父子是:爷爷、爸爸、儿子祖孙三代。

---

① 严格来说,这里称呼指代不明。但这样写,大家都能很好理解。

设子1=父2，则可推出这两对父子是：爷爷、爸爸、儿子祖孙三代。

设子1=子2，这种情况一般不存在，因为一个人不可能有两个爸爸。如果是养父、岳父之类，就另当别论。

这样一分析，发现传统的解答漏解了。而使用集合进行讨论，则不重不漏，所有情况都包含在内了。

考试中多次出现这样的题目，求两个集合的并集，由于两集合的元素带有参数，而取并之后，根据集合的确定性、互异性、无序性可求出参数的值。这和两对父子三个人的道理还是一样的。

4.6 晚上吃姜，犹如砒霜？

早上吃姜，好比参汤；晚上吃姜，犹如砒霜。

这句谚语流传已久，到底有没有道理呢？

虽然多数人对姜的认识并不是很清楚，但可以从逻辑上推理：

(1) 参数变量法。食用生姜的可变参数很多，时间这个参数是不是在其中能起到绝对作用呢？参汤和砒霜，一个是补品，一个是毒药，在其他条件不变的情况下，特别是姜本身属性没有改变，仅仅改变外在的食用时间就造成了截然不同的结果，这可能吗？

(2) 反证法。中国人最重视晚餐，因为早上和中午时间紧，所以晚餐相对丰富。姜作为调味品，也用于晚餐的“大菜”。千百年来，这么多人晚上吃饭，其中必然有不少人不知道这句谚语，“误食”了生姜，那你是否听说谁因吃生姜而中毒？这么多人这么长时间的实践可以充分表明吃姜并没有多少危害。

从科学的角度来说，任何离开剂量谈毒性的言论都是站不住脚的。美国食品药品监督管理局认为，姜一般是安全的，除非极大量食用。目前没有任何研究表明，晚上吃姜会损害人体健康。

那么这句谚语又是如何产生的呢？古代文人描述事物常带有夸张色彩，特别是为了朗朗上口，对押韵看得很重。既然上一句写了“早上吃姜，好比参汤”，下一句如何匹配呢？估计这个作者找不到更合适的词语，也只能将砒霜与参汤相对了。

押韵使得句子朗朗上口，便于记忆和流传。但这种文学手法常常有失严谨，甚至失去事物的真实性。形式固然重要，但内容才是根本。拘泥于形式，修改内容去迎合形式，只能是削足适履，也可以认为是形式主义害死人。

形式主义害死人，这不是危言耸听。在古代，确实有这样的笑话。

李廷彦献百韵诗于上官，中云：“舍弟江南没，家兄塞北亡。”上官恻然曰：“君家凶祸一至于此！”廷彦曰：“实无此事，图对偶亲切耳。”

李廷彦的弟弟死在江南，这是事实。但下句写不下去，为求对偶工整，只好让健在的哥哥“死在塞北”。李廷彦这种做法引来批评：只求诗对好，不怕两重丧。

4.7 蘑菇该奖给谁

苏教版小学语文教材上有这样一篇课文《蘑菇该奖给谁》：

清晨，兔妈妈出门采蘑菇，临走时嘱咐两个孩子要好好练习跑步。

晚上，兔妈妈提着一大篮蘑菇回来，对他们说：“你们今天谁跑得最出色？我奖给他一个最大的蘑菇！”

小黑兔得意地说:“今天我参加跑步比赛,得了第一名!”

小白兔难为情地说:“今天我参加跑步比赛,落在后面了。”

“你们今天都跟谁比赛啦?”兔妈妈问。

“我跟乌龟赛跑,所有的乌龟都跑不过我!”小黑兔说。

“我跟骏马赛跑,他们都跑得比我快。”小白兔说。

“我的好孩子,”兔妈妈亲了亲小白兔,从篮子里挑出一个最大的蘑菇,“这是给你的奖品!”

小黑兔不服气地问:“我今天得了冠军,为什么把大蘑菇给小白兔?”

兔妈妈说:“因为他敢和高手比呀!”

评奖是一种分类,将参赛者分为获奖者和没有获奖者两类。分类就需要明确标准,标准一旦确定,就不能随意改动。

最初设定的评奖标准是跑得出色,那么就要按照这个标准执行。最后发奖却不以跑得出色为标准,而以“敢和高手比”为标准。

“跑得出色”这个标准比较合理,看谁实力强。既可以让两只兔子比赛,看谁相对实力较强;也可以分别计时,看看两只兔子的绝对实力如何。从故事中,我们只能看到骏马比小白兔跑得好,小黑兔比乌龟跑得好,而小白兔和小黑兔相比如何则没有提到,因此发奖给小白兔是违规操作。

相对而言,“敢和高手比”这个标准不太科学,首先兔子和骏马不是一个物种,本身不具有可比性。说得好听是小白兔勇于挑战强者,说得不好听就是有点好高骛远。如果以“敢和高手比”为标准评奖,那么跑得是否出色就根本不重要,只看你是否能找到一个跑得更快的对手。

妈妈爱护宝宝,也不能过于感情用事,需要保持几分理性才好。

4.8　出题与阅卷

考考考，老师的法宝。
分分分，学生的命根。

考试对学生的重要性不言而喻。

出题人希望通过考试来考查学生对相关知识点掌握如何，那么所出的每道题目都会对应若干考点。如果学生在做题时能够意识到出题人希望考查的考点，那么思路一对头，解题就变得容易很多。

考生与出题人之间的沟通就靠那道题目做桥梁，但有时难免会错意。学生题目做错了，出题人要么很高兴，因为他把学生难倒了；要么很失落，考题没起到考查学生的目的，思考学生是怎么想的，为什么会得到这样的答案。

考生与出题人之间并不是敌对关系。他们之间需要更多的相互理解。在日本的一次数学竞赛中，就曾经有过这样的事情。

1996 年日本小学六年级数学竞赛决赛有一道试题如下：

一个村子里，共有 1000 户人家，每户人家只有一个人。元旦的时候，这个村子里所有的人都给离自己家最近的一家发一张贺年卡，各家之间的距离都不相同。另外，没有从村外寄来的贺年卡。请问：在这个村子里，一个人最多能收到几张贺年卡？

一位阅卷老师发现很多学生的答案都是 999，而出题人给出的标准答案是 5，于是全部判错。后来，这位老师想：为什么这么多学生给出这个答案，他们是怎么想的？可能是学生考虑到有一间大房子，其周围分布着 999 间小房子。如果是这样，回答 999 也是对的。于是这位老师把答案更正为 5 或 999，把已经改好的卷子重新改了一遍。

我最初看到这道题的时候,给出的答案也是999。因为我猜测出题人考查的是极端化思想。既然问最多能收到几张贺年卡,那么收到贺卡最多的这个人肯定很特别,他在中间,像一个中央枢纽一样,其他人都围绕在他旁边。只要你想到这样一个场景,答案不就立刻出来了吗?

在数学中考虑问题,常常将很多因素简化了。譬如,此处的1000间房子一般都默认没什么区别,可看作是点。而我在此处却假设其中一间房子是很大的一个面。为什么我会有这样的想法?其实也来源于生活中的一些事情。

大学老师和小学老师一起吃饭。吃罢,准备回家。已知这两位老师都住学校,饭馆与两所学校的距离相同,但大学老师却比小学老师晚到家半小时。道理很简单。小学学校小,到了校门,就等于到家了。大学学校大,到了校门,再走半小时才能到家也很正常。所以,在考虑实际问题时,并不能总把一个地点看成是一个点。

再举例来说。有同事问:从单位出发,去武昌火车站要多久啊?我告诉他,从9号楼7层下去,走路到广埠屯,需要15分钟;假设你立刻就能搭上的士,且不堵车,又需要15分钟。很多人出门,只预留在车上花费的时间,却忘了去搭车要花时间,所以总是迟到。"在华中师范大学"并不等于"在华中师范大学北门广埠屯",此时华中师范大学不可以看成是一个点。

下面解释答案5的来由。

默认所有的房子都看作是点。假设B、C两户都发贺卡给A,则$BC>AB$,$BC>AC$,$\angle A$是$\triangle ABC$中最大的角,肯定要大于60°。以A为中心作圆,在圆周上最多容纳5个60°以上的圆心角。按照题目要求,各家之间的距离都不相同,所以另外5家也不能都在圆周上,需要前后左右微调一下。

这样分析,我们知道出题人考查的是三角形的边角关系,甚至可以将此题归为“覆盖”类型。

以某户为中心,是两种解法的共同出发点,而将这个中心看作是点还是面,则各有思考的角度。

我很佩服日本的阅卷老师愿意向学生学习,站在学生的角度去思考,发现问题后愿意重新阅卷,而不是一味地维护出题人的权威。

4.9 看似没用的基础

有个人吃包子,吃了 7 个,终于吃饱了。他后悔道:“早知道第 7 个能吃饱,只吃第 7 个包子就好了,前面的都白吃了。”

前面的包子真的是白吃了吗?

下象棋时,最后吃帅的可能是卒,但并不意味着前面车马炮的功劳就可以抹去。

下面这道有趣的推理题就可以充分说明这一点。

彭老师和王同学、李同学在一起做游戏。彭老师在两张小纸片上各写一个数。这两个数都是正整数,相差 1。他把一张纸片贴在王同学额头上,另一张贴在李同学额头上。于是,两个人只能看见对方额头上的数。

彭老师不断地问:“你们谁能猜到自己头上的数吗?”

王同学说:“我猜不到。”

李同学说:“我也猜不到。”

王同学又说:“我还是猜不到。”

李同学又说:“我也猜不到。”

王同学仍然猜不到;李同学也猜不到。

王同学和李同学都已经三次猜不到了。

可是，到了第四次，王同学喊起来："我知道了！"

李同学也喊道："我也知道了！"

问：王同学和李同学头上分别是什么数？他们又是怎样猜到的？

原来，"猜不到"这句看似没用的话里包含了重要的信息。

要是李同学头上是1，那么王同学当然知道自己头上是2。王同学第一次说"猜不到"，就等于告诉李同学，你头上的数不是1。

这时，要是王同学头上是2，那么李同学就知道自己头上是3。可是，李同学说"猜不到"，就等于告诉王同学，你头上的数不是2。

第二轮，王同学和李同学猜不到，说明李同学头上不是3，王同学头上不是4。

第三轮，王同学和李同学猜不到，说明李同学头上不是5，王同学头上不是6。

第四轮，王同学猜到了，因为他看到李同学头上是7，而自己不是6，那肯定是8。

李同学认为：王同学能从自己不是6就推出自己是8，那么自己肯定是7。

实际上，即使两人头上写的是99和100，只要两人反复交流，反复说"猜不到"，最后也能猜到。

这其中有个值得思考的问题：当王同学看到李同学头上是7时，推出自己肯定不是1～5；而李同学看到王同学头上是8，推出自己肯定不是1～6。那么前面多次说"猜不到"有意义吗？是否可以跳过去呢？

前面跳过去了，后来还猜得出来吗？事实上，不但不可以跳过去，还得时刻数着说了多少个来回。如果两人头上写的是99和100，一不留神就有可能搞错。

下面这个故事大家都很熟悉。

一个富翁去别的富翁家,见到主人有三层的阁楼,高大壮观,宽敞漂亮,心里就十分渴望也能有这样的房屋。

于是,他叫来一名木匠询问:“你会不会建造与那个富翁家一样的阁楼?”木匠回答道:“那幢房屋就是我建造的。”富人说:“那你马上为我建造一栋这样的房子。”于是,木匠开始丈量土地,打造土坯,准备建楼。

富人见到木匠的举动,不能理解,疑惑地问:“你这是在干吗呢?”木匠回答:“建造三层楼啊!”富人说:“我并不想要下面的两层楼,你直接帮我把第三层的房子造起来吧。”

木匠说:“这是不可能的呀。哪有不先建造底楼而建二楼,不先建造二楼而建三楼的呢?”富人坚持说:“我用不着下面的两层楼,现在只要你给我造第三层。”

当时的人听说了,都觉得好笑,他们议论道:“这世上哪有空中楼阁啊?”

其实道理大家都明白。根基不稳,如何树高千尺。要想拥有第三层楼,必须先建第一层、第二层楼,如若不然,我们永远只有羡慕第三层楼的份,也永远没有登上第三层楼的份。

4.10 有学识的无知

如果用小圆代表你们学到的知识,用大圆代表我学到的知识,那么大圆的面积是大一点,但两圆之外的空白都是我的无知面。圆越大,其圆周接触的无知面就越大。

这是芝诺有一次对他的学生们说的话。

芝诺是古希腊数学家、哲学家,被亚里士多德誉为“辩证法的发明人”。

有人故意曲解芝诺的名言，他们这样推理：知识越多，无知面越大，于是越无知。简而言之就是：知识越多越无知。

如果真的是这样的话，那干脆什么都不学，圆缩为点，无知面岂不最小？这样的理解，只是掩耳盗铃。人类知识的积累，科学的发展，是客观的存在，并不因某个人了解与否而存亡。

圆大，接触的未知事物多，但知道未知的事物多并不等于自己知道的事物就少。

有知和无知对立，圆内和圆外对立，而不是圆内与圆周对立。我们不能把圆的周边作为“无知”多少的判断标准，真正的无知是封闭圆周线以外的整个空白。

讨论问题不能脱离其背景。讨论有知无知，离不开人类知识这个大背景。

人类的历史是有限的，知识的总和也可以用有限的载体（譬如书籍、光盘等）承载。如果把人类所有知识看作是一个全集，把个人知道的知识看作是其中一个子集，那么不知道的知识就是相对该子集的补集。子集和补集的关系，此消彼长。这样分析，就不会再得出“知识越多越无知”的谬论了。

考虑到这是芝诺以老师身份和学生的谈话，联想到《礼记·学记》中的名言：

> 是故学然后知不足，教然后知困。知不足，然后能自反也；知困，然后能自强也。

这样的联系将芝诺的名言理解为老师的自我反省，对知识的渴望与追求。

芝诺的名言出现了两个不同意义的“知”，一是“知识”的“知”，二是“知道”的“知”。这不得不让人想起苏格拉底的名言：

> 我唯一知道的就是我一无所知。

哲学家的名言常常是怪怪的。从逻辑角度来看,“唯一知道”与“一无所知”是矛盾的。但若改成一般的说法——“我唯一知道的就是我所知甚少”,那就显得太“平凡”了。

知道自己不知道的东西很多,这是一种对事物的认识,这不叫无知,而叫自知之明。

这也许就是苏格拉底持的基本观点:人先有自知之明,而后才能进一步鉴别与审视其他的事情和其他的人。这样的观点并非苏格拉底一人独有,很多哲人都发表过类似的意见。

叔本华认为:

如果我们在承认知道自己所知道的东西的同时,也承认不知道我们所不知道的东西,那么我们的所知就具备了双倍的价值和分量。因为这样一来,我们所知道的东西就不会招来别人的怀疑。

帕斯卡说得更妙:

……另一个极端则是伟大的灵魂所到达的极端,遍历人类所能知道的一切之后,才发现自己一无所知,于是又回到了他们原来所出发的那种同样的无知。然而这却是一种认识其自己的、有学问的无知。

这种有学问的无知展示了一种独特的自信,孔子亦有类似的说法。子曰:“吾有知乎哉?无知也。有鄙夫问于我,空空如也。我叩其两端而竭焉。”意思是:“我有知识吗?没有知识。一个粗鄙的人问我,我对他谈的问题本来一点也不知道。我只是从问题的两端去探求,这样对此问题就可以全部搞清楚了。”

孔子又云:“知之为知之,不知为不知,是知也。”这是实事求是的治学态度,知道就是知道,不知道就是不知道,这就是聪明智慧,不妄说。这才可谓“知”。

老子也说:“知人者智,自知者明。”我们现在用的词“明智”,若按照老子的解读,是明先于智,高于智的。

我曾经尝试这样解读苏格拉底的这句名言,把苏格拉底知道的东西看作是一个集合,其中有一个元素,就是空集。所谓“道生一,一生二,二生三,三生万物”,$\varnothing$是不是就是道呢?把无知看作是有知的起点。

爱因斯坦曾说:“提出一个问题往往比解决一个问题来得更深刻。因为提出一个问题实际上就是从‘无知’向‘有知’迈进了一大步,而解决一个问题则是从‘知之不多’向‘知之甚多’前进了一步。”

人的一生是短暂的。对于生活节奏这么快的当代人,“破万卷”已经是可望而不可即的梦想。知识就像数轴一样,不断延伸,没有尽头。

人不是生而知之。假设经过学习,甲掌握的知识区间是$(0,1)$,乙更努力一些,他掌握的知识区间是$(0,2)$。从有知的角度来说,乙明显胜过甲。

但从另一角度来说,甲的无知区间是$[1,+\infty)$,乙的无知区间是$[2,+\infty)$,若采用实无穷的观点,则甲比乙无知;若采用潜无穷的观点,则两人一样无知。

事实上,知识仍在不断扩展,而且以前所未有的速度。所以,在此处采用潜无穷的观点更合适一些。

这样的论述可能会使人觉得悲观。殊不知,看似逍遥的庄子也是这样认为的:“吾生也有涯,而知也无涯。以有涯随无涯,殆已。”意思是:人的生命是有限的,而知识是无穷的,以有限的生命去追求无穷的知识,徒劳而已。

但人类的发展不正是不断挑战极限、突破自我的过程吗?孔子所谓“朝闻道,夕死可矣”何尝不体现了人类追求真理的坚定信念和迫切心情?

关于一个人有知和无知的辩证关系,数学家、哲学家库萨的尼古拉的论述更为深刻。库萨的尼古拉在研究“化圆为方”问题时,尝试多次都没有成功,于是他反思:是不是基于尺规作图,永远只能将圆和方近似转化,而得不到精确结果,即化圆为方是不是一个不可能的问题?

化圆为方失败的反思,使库萨的尼古拉在哲学上上升到一个新的层次:如果把真理比作圆,它是充分完美的。而人类的思维能力有限,是不完全的,就好比一系列边数不断增大的多边形。既然圆的面积不可能用非圆的东西来转化,那么有限的思维也不可能完全认识真理。一个人知道得越多,越明白自己的无知,这就是“有学识的无知”。人们对这种“有学识的无知”理解越深刻,就越接近真理,就好比正多边形边数越多就越接近于圆。然而,即使正多边形边数无限地多,我们也不能说正多边形已经等同于一个圆,除非它在性质上真正转变为一个圆。同样,即使人类思维无限发展,也不能说已经完全掌握了真理。

就这样,库萨的尼古拉通过类比看到了人类知识的局限性,并以此为出发点写成了传世之作《有学识的无知》。

4.11 数学家遭人笑话

数学的研究常常需要从条件推导结论,即从已知抵达未知。

有人想:若从条件能推出结论,则说明条件蕴含结论,你所做的推导并没有产生新的东西;若从条件推不出结论,那就更糟糕,白忙活了。

基于这样的看法,有人编了一个故事来笑话数学家。

有两个人乘热气球在山谷里迷失了方向。看到地面上有人,于是便问:“我们在哪里?”地面上那人想了很久,回答道:“你们在热气球里。”

这时,气球上的一个人对另一个人说:“这个人一定是个数学家。”“何以见得?”“首先他很谨慎,考虑了很久,并不像政客那样信口开河;其次他的答案绝对正确;最后他的答案根本没什么用处。”

还有一次,某人为说明数学家讲的是“正确的废话”,讲了一则关于王安石的儿子王元泽的故事(载于冯梦龙的《古今笑史》)给一位数学家听。

王元泽数岁时,有一位客人用同一个笼子带来了一獐一鹿,问元泽哪一个是獐哪一个是鹿。元泽不认识,思考了很久,回答说:“獐边者是鹿,鹿边者是獐。”

某人说:这样的回答不就是数学家们常讲的“正确的废话”吗?

数学家回答道:这个小孩子是个数学天才。他竟然能从两个完全不同的具体事物中抽象出二者的对称性。

4.12 对称性与相对性

《笑林广记》中有笑话《买酱醋》:

祖付孙钱二文买酱油、醋,孙去而复回,问曰:“哪个钱买酱油?哪个钱买醋?”祖曰:“一个钱酱油,一个钱醋。随分买,何消问得?”去移时,又复转问曰:“哪个碗盛酱油?哪个碗盛醋?”祖怒其痴呆,责之。适子进门,问以何故,祖告之。子遂自去其帽,揪发乱打。父曰:“你敢是疯了?”子曰:“我不疯,你打得我的儿子,我难道打不得你的儿子?”

译文：

有个老人给孙子二文钱让他买酱油、醋。孙子去后又返回来，问道："哪个钱买酱油？哪个钱买醋？"爷爷说："一个钱买酱油，一个钱买醋。难道这还要问吗？"孙子走了不多时，再次返回来问道："哪个碗盛酱油？哪个碗盛醋？"爷爷一听，因孙子痴呆而生气，便对孙子进行责罚。正巧赶上儿子进来，问是什么缘故，老人如实相告。儿子一听便脱掉帽子，揪住自己头发乱打。老人说："你难道疯了吗？"儿子回答说："我不疯，你打得我的儿子，我难道打不得你的儿子？"

两文钱之间并无差别，即使有一文新一点，有一文旧一点，但在购买力这个本质上是没有差别的，是等价的，或者可以认为是对称的。所以无所谓哪一文买酱油，哪一文买醋。对于两个碗也同样如此。

正因为孙子看不到对称性，而且在爷爷教导后还不会类比、举一反三，所以爷爷生气。

而后来父亲惩罚自己，也是在惩罚爷爷的儿子，这是用到事物身份之间的相对性。

4.13 两道趣题说权重

一位朋友让我出几道题目，给他读小学的儿子做做，看他儿子脑子灵不灵，也让我帮着开开窍。于是我出了下面两题。

第一题

有人在集市卖葱，一捆葱有 10 斤重，1 元一斤。有个买葱人说："我全都买了，不过我要分开称，葱白 7 角钱一斤，葱叶 3 角钱一斤，这样葱白加葱叶还是 1 元，对不对？"卖葱的人一想，7 角加 3

角正好等于1元，就同意卖了。他把葱切开，葱白8斤，葱叶2斤，加起来10斤，8斤葱白5.6元，2斤葱叶6角，共计6.2元。事后，卖葱人越想越不对，原来算好的，10斤葱明明能卖10元，怎么只卖了6.2元呢？

小朋友说："这道题，我在课外书上看过，这是因为分开称时定价低了，应该一斤葱白和一斤葱叶合起来2斤，应该卖2元，也就是葱白1元4角钱一斤，葱叶6角钱一斤，那就对了。"

我说："葱白7角钱一斤，葱叶3角钱一斤，确实定价低了，葱是葱白和葱叶的混合物，如果葱白和葱叶的价格不等，那么葱的价格必然介于葱白和葱叶之间。但是不是如你所说，将价格翻倍即可呢？你验算一下。"

小朋友验算发现：$(14\times 8+6\times 2)$角 = 124角 = 12.4元。还是不等于10元。很是疑惑。

我说："你以前做题时默认葱白和葱叶重量相等，假如各占5斤，则$(14\times 5+6\times 5)$角 = 100角 = 10元，这就能对上。事实上，葱叶看起来一大把，实则轻飘，葱白要比从葱叶重。"

小朋友说："那是不是应该将葱白的价格降一点。"

我说："也不一定要降。在生活中，分开卖和整体卖，收益不一样也是正常的。譬如农场卖鸡，可以一只一只地卖，也可以宰杀后，分成脚爪、鸡翅、鸡腿、鸡身等来卖，每一部分定价不一样，重量也不相同。一般来说，分开卖收益会更高些。又如我们吃的花生糖，由花生仁、白糖、麦芽糖、水、色拉油、苏打粉、桂花、芝麻等混合而成。各成分的比例不同，花生糖的价格也不同。"

第二题

小王和小明每天结伴去市场上卖小鸡。两人喂养的鸡的品种不一样，所以价格也不同。小明每天卖30只，每两只卖1元，得15元。小王每天也卖30只，每三只卖1元，得10元。这天小王生病了,让小明帮他卖 30 只小鸡。于是小明总共带了 60 只鸡到市场,每 5 只卖 2 元,总共卖得 24 元。结果,这要比两个人分开卖少得了 1 元。这是为什么?

小朋友说:"每 5 只卖 2 元,没问题,价格没错。问题出在哪?"

我说:"我们先看问题出在哪。假设一次一次地卖,按每 5 只卖 2 元,前面 10 次交易,都没问题。但 10 次交易之后,小王的'便宜鸡'卖完了。剩下 10 只,都是小明的'贵鸡',此时仍然按'贵鸡'和'便宜鸡'的混合价卖,所以卖便宜了。10 只'贵鸡'本来应该卖 5 元,结果只卖了 4 元,因此亏了 1 元。所以'每 5 只卖 2 元'和原来定价方式的收益并不相等。这道题其实和第一题类似,也涉及混合物的组成比例,如果'贵鸡'和'便宜鸡'的数量比为2∶3,'每 5 只卖 2 元'就没问题了。"

上述故事中的组成比例也就是权重。

4.14 失之毫厘,谬以千里

我平时总是劝大家多看书,多积累。因为书里有很多好东西。当然也要注意,有些东西好是好,你要拿来用,还得花工夫改造改造。

可能原作者想表达的是某个意思,而你想搬过来表达另一个意思,或原作者用在那,你想用在这,直接照搬也许会不够完美。

下面举例说明:

有老师让学生求解方程

$$\begin{cases}35.26x+14.95y=28.35\\187.3x+79.43y=83.29\end{cases}$$

结果不小心将 14.95 抄成 14.96,变成

$$\begin{cases}35.26x+14.96y=28.35\\187.3x+79.43y=83.29\end{cases}$$

等到学生交上答案，老师大吃一惊，题目只差一点点，结果怎么会差这么多呢？

解$\begin{cases}35.26x+14.95y=28.35\\187.3x+79.43y=83.29\end{cases}$得$\begin{cases}x=1776\\y=-4186\end{cases}$。

解$\begin{cases}35.26x+14.96y=28.35\\187.3x+79.43y=83.29\end{cases}$得$\begin{cases}x=-770\\y=1816\end{cases}$。

此例确实可称得上“失之毫厘，谬以千里”。这样的案例在中学通常不讲，在高等数学里讲病态方程时会提到，譬如计算方法这门课。

此问题有点趣味，涉及的只是二元一次方程组，初中生能够接受，所以我觉得可用作上课的素材。但是，上述方程的系数过于复杂，难记，也没必要。修改如下：

求解$\begin{cases}x+y=2\\x+1.0001y=2.0001\end{cases}$，得 $x=y=1$；

求解$\begin{cases}x+y=2\\x+1.0001y=2\end{cases}$，得 $x=2, y=0$。

系数化简之后，道理还是一样的，省去了计算的烦琐，让学生把主要精力放在方程的怪异性上。系数的微小变化对解有如此大的影响，这是让人感到惊奇的。通常称这样的线性方程组为病态方程组。

如果把两个方程看作两条直线，两条直线几乎重合，当其中一条直线发生微小变化时，可能会对两直线交点产生重大影响。

类似的，还有 $\tan 1.5\approx14$，$\tan 1.57\approx1256$，$\tan 1.5707\approx10381$。

4.15 题目如此简单，错误如此多

某师范院校招收学生，出了一道材料题：

问题：一个三角形的三边长分别是3、4、5，请问这是个什么三角形？说明理由。

答：直角三角形。由勾股定理可知，直角三角形中斜边的平方等于其他两边的平方和，而这个三角形一边的平方等于其他两边的平方和，所以这个三角形是直角三角形。

阅读上述材料，谈谈你的看法。

原本出题人认为这是送分题，结果大部分考生都没看出其中的问题。

由于材料中给出的每小句都正确，混淆了某些人的判断。将题目改一下：因为猫是动物，狗是动物，所以狗是猫。

推理结构与上面完全相同，只是最后结论荒谬，很容易发现。说穿了很简单。上述推理的结构是：因为A是B，C是B，所以C是A。

要将之改正也容易：由勾股定理逆定理可知，如果三角形两条边的平方和等于第三边的平方，那么这个三角形就是直角三角形，而这个三角形一边的平方等于其他两边的平方和，所以这个三角形是直角三角形。

用到的推理结构是：A是B，C是A，所以C是B。

类似的例子有：因为2是自然数，2是整数，所以自然数是整数。

看起来每小句都正确，"2是自然数"正确，"2是整数"正确，"自然数是整数"正确，但合在一起就有问题，不是条件、结论有问

题，而是推理结构有问题。

再看下面的对话：

鲁迅是周树人？
对。
鲁迅是绍兴人？
对。
那么周树人也是绍兴人？
对。

仿照上述对话，可得：

鲁迅是绍兴人？
对。
鲁迅是浙江人？
对。
那么绍兴人也是浙江人？
对。

再来一例：

鲁迅是浙江人？
对。
鲁迅是绍兴人？
对。
那么浙江人也是绍兴人？
……

再来一例：

$\frac{2}{4}$等于$\frac{1}{2}$？
对。

$\frac{2}{4}$的分母是4?

对。

$\frac{1}{2}$的分母是4?

……

问题出在哪呢?

4.16 荒唐的算法

都说处处有数学,但是不是所有地方的数学都用对了呢?

1. 荒唐的加法

清代独逸窝退士的《笑笑录》中有一则笑话《告荒》:

有一荒年,一老人到县府报告灾情,要求少征赋税。

县官问道:“麦子收了几成?”

老人答道:“三成。”

又问:“棉花收多少?”

回答说:“两成。”

再问:“稻谷收多少?”

回答说:“也是两成。”

县官大怒道:“有了七成的年景,你还敢谎报灾情,胆子真不小。”

老人说:“我活了一百五十岁,还没见过这么大的荒年呢!”

县官问:“你有一百五十岁?”

老人回答说:“我今年七十多岁,大儿子四十多岁,小儿子三十多岁,合起来不是一百五十岁吗?”

县官道:"哪有你这样算年纪的?"

老人说道:"可是又哪有你那样算年成的?"

小学数学讲百分数这个知识点时,可以用上这个笑话。

2. 荒唐的乘法

在课堂上,一学生开小差,老师批评了他:"就是因为你一个人,耽误了一分钟,全班 50 个人,就耽误了大家 50 分钟,你不觉得愧疚吗?"

我不止一次看到有老师这样算账,也没有去思考这样计算是否合理。直到有一天看新闻联播,一位播音员略微卡了一下,停顿了 0.1 秒,我就想,此时若有一千万人在看电视,则耽误了这一千万观众的时间为 $\frac{10^7 \times 0.1}{3600 \times 24} \approx 11.57$ 天。这个播音员罪过不小啊。

新闻联播默认时长是 30 分钟,有时新闻少,最后十几秒就播放播音员整理稿子的场景。这样算起来更加恐怖,耽误了这一千万观众的时间为 $\frac{10^7 \times 10}{3600 \times 24} \approx 1157$ 天。

诚然,公共场合,特别是央视这种大平台,小差错也会造成大的影响。但这种影响很难量化,更不能如此简单地量化。

3. 荒唐的乘方

假设 A 每天记 1 个单词,B 每天记 1.01 个单词,那么一年下来,A 记了 365 个单词,B 记了 401.5 个单词,相差并不大。原因当然也很简单,因为 B 并不比 A 多付出了多少努力,所以回报也多得不多。(因为人记单词常常会忘记,只记得大概,所以还有非整数个单词。)

但有些人偏偏相信这样的公式:$(1+0.01)^{365} \approx 37.78$。认为每天只要多付出一点点努力,就可以得到 37.78 : 1 这样的绝对优势。这可能吗？这种公式的流行只是迎合了某些人投机倒把、希望不劳而获的心理。

有这样的轻功秘籍，说：绑沙袋在腿上，每天多放 1% 的沙子，坚持跳到相同的高度，一年之后除去沙袋，可飞檐走壁，身轻如燕。

这可能吗？假设第一天带 1 公斤，那么一年后要带 37.78 公斤。带这个重量，还能跳到最初的那个高度吗？

4.17 答非所问

面对棘手话题，无言以对，就避开此话题，用别的话搪塞过去。《孟子·梁惠王下》中的“顾左右而言他”，差不多就是这意思。面对辩论高手孟子，梁惠王显然不是对手，于是想逃避。若是其他人遇到这种情况又如何？

问：“我和我女朋友毕业留在北京，我们俩真没什么钱。我买不起房子，就租一个房子住着，我们的朋友挺多，老叫我们出去吃饭，后来我们就不好意思去了，老吃人家的饭，我俩没钱请人家吃饭。我在北京的薪水很低，在北京我真是一无所有，你说我现在该如何是好？”

答：“第一，你有多少同学想要留京却没有留下，可是你留下了，你在北京有了一份正式的工作；第二，你有了一个能与你相濡以沫的女朋友；第三，那么多人请你吃饭，说明你人缘挺好，有着一堆朋友。你拥有这么多，凭什么说你一无所有呢？”

众所周知，北京买房极其困难，但面对这么难答的问题，回答者轻飘飘地解决了。他用的招数也简单，转移话题，猛灌鸡汤。

大学生希望求助的问题是：买不起房，没钱请人吃饭，薪水低，应该怎么办？正常的回答应该是想办法帮助他提高收入，改善物质生活。而上述回答避开物质，大谈精神。

我们来看这样一个故事：

小和尚跟老和尚下山化缘，走到河边，见一个姑娘正发愁没法过河。老和尚对姑娘说："我把你背过去吧。"于是老和尚就把姑娘背过了河。

小和尚惊得瞠目结舌，又不敢问，这样又走了二十里地，实在忍不住了，就问老和尚："师父啊，我们是出家人，你怎么能背着那个姑娘过河呢？"

老和尚就淡淡地告诉他："你看我把她背过河就放下了，你怎么背了二十里地还没放下？"

有人由此感慨："该放下时且放下。你宽容一点，其实给自己留下了一片海阔天空。"此人显然赞同师父的看法，还认为小和尚做人不够宽容。

事实上，这则故事的对话逻辑不通。

小和尚的疑问是：师父为何破戒？

师父比较正常一点的回答应该是：酒肉穿肠过，佛祖心中留，做事何必纠结于表象，色即是空……

结果师父说自己已经忘了，为何徒弟还忘不掉！

设想老师在上课，一位同学迟到。课后，老师问："你为何迟到啊？"学生答："我都已经放下了，你怎么还放不下？"

这样回答明显找抽。正常一点的回答应该是：路上堵车，或者家里有事……

《孟子》中有这样一段对话：

淳于髡问："男女之间不亲手递接东西，这是礼的规定吗？"

孟子说："是的。"

淳于髡又问："那么，假如嫂嫂掉在水里，小叔子能用手去拉她吗？"

孟子说："嫂嫂掉在水里而不去拉，这简直是豺狼！男女之间不亲手递接东西，这是礼的规定；嫂嫂掉在水里，小叔子用手去拉她，这是通权达变。"

同样面对"不能与女子接触"这一规定，孟子直面问题，表明态度，不像大和尚那样故弄玄虚。

我们平时讨论问题，东一句西一句、跑偏题的有之；和稀泥、灌鸡汤的有之。做一个理性人，我们需要注意。

读题、审题是解决问题的关键一步。正如我们平常所说："要做一件事，必须知道要做什么事，才能去做事，进一步做好这一件事。"

4.18 从哪条路去考场，会影响成绩吗？——相关性与因果性

读中学，骑车去学校，有多条路可选。有一天，我突发奇想：出门选哪条路，会不会影响今天的考试成绩？看似是一个很小的决定，但接下来很多事情都变了，譬如见到的人不同，到校时间也不同……仔细想想，我们每天都要做很多决定，不就是这些小决定最终形成一个大人生吗？

后来，我看了一篇文章，大意如下：

一辆汽车送一对夫妻上山后，在下山途中出事了。

老公说：幸好我们不在车上。

老婆说：要是我们在车上就好了。

老公很疑惑。

老婆说：我们要是在车上，可能会和司机说说话，让他心情、状态好一点；我们俩能增加车上的重量，对车也能做一点点改变；我们俩上车也会将开车时间改变一点点，也许就会错过出事的那一刹那……

看了这篇文章，我才明白不只是我有这样的想法。后来又读到另外一则故事：

有位秀才第三次进京赶考，住在一个经常住的店里。考试前两天他做了三个梦，第一个梦是梦到自己在墙上种白菜；第二个梦是下雨天，他戴了斗笠还打伞；第三个梦是跟心爱的人躺在一起，但是背靠着背。

这三个梦似乎有些深意，秀才第二天就赶紧去找算命的解梦。算命的一听，连拍大腿说："你还是回家吧。你想想，高墙上种菜不是白费劲吗？戴斗笠打雨伞不是多此一举吗？跟心爱的人躺在一张床上了，却背靠背，不是没戏吗？"

秀才一听，心灰意冷，回店收拾包袱准备回家。店老板非常奇怪，问："不是明天才考试吗，今天你怎么就回乡了？"

秀才如此这般说了一番，店老板乐了："哟，我也会解梦的。我倒觉得，你这次一定要留下来。你想想，墙上种菜不是高种吗？戴斗笠打伞不是说明你这次有备无患吗？跟心爱的人背靠背躺在床上，不是说明你翻身的时候就要到了吗？"

秀才一听，更有道理，于是精神振奋地参加考试，居然中了探花。

积极的人像太阳，照到哪里哪里亮；消极的人像月亮，初一十五不一样。想法决定我们的生活，有什么样的想法，就有什么样的未来。

心灵鸡汤文有一种模式：先讲故事，然后灌输道理。从故事到道理却常常衔接不好，有硬塞之嫌。

心态积极乐观当然重要，在某些时刻也确实能发挥惊人的效力。但多数情况下，还得靠实力说话。譬如考试时的临场发挥在一定程度上会影响考试成绩，但多数情况下考试成绩还是取决于你平时的努力程度。这个秀才中探花主要取决于他的学问，而不是心态。谁主谁次，要分清楚。

有多个因素影响结果，但主次轻重各有不同。这时概率的重要性就凸显了。

走哪条路去学校，在大多数情况下是不影响考试成绩的，或者说影响甚微。也存在极少数的情况，譬如某条路特别堵（考试迟到），某条路被人撒了很多碎玻璃（扎破自行车胎），这些都是小概率事件。

我曾和一位朋友谈起这一观点，他问：那怎么解释蝴蝶效应呢？

1963年洛伦兹提出蝴蝶效应，其大意为：一只南美洲亚马孙河流域热带雨林中的蝴蝶偶尔扇动几下翅膀，可能在两周后引起美国得克萨斯的一场龙卷风。其原因在于：蝴蝶翅膀的运动导致其身边的空气系统发生变化，并引起微弱气流的产生，而微弱气流的产生又会引起其四周空气或其他系统产生相应的变化，由此引起连锁反应，最终导致其他系统的极大变化。

我笑着回答：蝴蝶效应理论上没问题，说明了事物广泛联系，互相影响。但影响也有大有小，不是有影响就能最终改变结局。如果蝴蝶扇个翅膀就能引发龙卷风，那我打个哈欠，打开电风扇，岂不会天天刮龙卷风？

蝴蝶效应有时也被称为“蹄铁效应”，据说来自下面这个故事。

1485年，英王理查三世与亨利伯爵在波斯沃斯展开决战。此役将决定英国王位的归属。战前，马夫为国王备马掌钉。铁匠由于近日来一直忙于为国王的军马钉马掌钉，铁片已用尽，请求去找。马夫不耐烦地催促道："国王要打头阵，等不及了！"铁匠只好将一根铁条截为四份加工成马掌。当钉完第三个马掌时，铁匠又发现钉子不够了，请求去找钉子。马夫道："我已经听见军号了，我等不及了！"铁匠说："缺少一根钉，也会不牢固的。""那就将就吧，不然，国王会降罪于我的。"结果，国王战马的第四个马掌就少了颗钉子。

战斗开始，国王率军冲锋陷阵。战斗中，意外发生了，国王的坐骑突然掉了一只马掌，国王栽倒在地，惊恐的战马脱缰而去。国王的不幸使士兵士气大衰，纷纷调头逃窜，溃不成军。伯爵的军队围住了国王。绝望中，国王挥剑长叹："上帝，我的国家就毁在了这匹马上！"

战后，民间传出一首歌谣：少了一枚铁钉，掉了一只马掌。掉了一只马掌，失去一匹战马。失去一匹战马，败了一场战役。败了一场战役，毁了一个王朝。

此故事之所以广泛流传，是因为其戏剧性。这种事情在现实中发生的可能性是极小的。

用一个数学公式总结，则是：相关性≠因果性。

4.19 为什么没有诺贝尔数学奖？

诺贝尔是瑞典化学家，他是硝酸甘油炸药的发明者。

诺贝尔因发明近代炸药（炸药早就有，但威力不大）而获得巨大财富。他的初衷是为了工业生产，譬如开发矿山、挖掘河道、修建铁路、开凿隧道，所以对自己改良的炸药用于战争感到痛心。于是在1895年立下遗嘱，用其遗产成立基金会，将基金产生的利息作为奖金,奖金分为5份,分别奖励给在物理、化学、生理学或医学、文学、维护和平这5个领域做出杰出贡献的人。

我们常将数、理、化并称,物理和化学都设立奖项,为何数学不设立奖项?

于是有了种种猜测。其中流传最广也最被人津津乐道的一种说法是诺贝尔的老婆或情人与数学家莱弗勒有奸情,而如果设立数学奖,莱弗勒最有可能获奖,于是诺贝尔故意不设置数学奖。

如果某人要坚持这种说法,他必须证明:

① 诺贝尔有老婆或情人;

② 诺贝尔的老婆或情人与数学家莱弗勒有奸情;

③ 如果设立数学奖,莱弗勒最有可能获奖。

三个环节中任何一个出了问题,就得不出结论。

某人可能会说:“大家都这么传,好多资料都这么写,为何要我去证明。你有能耐,你来推翻这种说法啊!”

这样的说法有点耍无赖。如果没有确切的证据,那就属于捏造,是对诺贝尔的一种侮辱。

目前的资料表明,诺贝尔终生未娶。所谓诺贝尔老婆如何,纯属胡编乱造。而聪明点的人则会将老婆改为情人。

诺贝尔有没有结婚,这是容易考证的,因为诺贝尔的时代距离现在也不是太久远,而且他名气这么大,必然会有热心人收集资料。但诺贝尔有没有情人,这就难说,因为情人常常是隐蔽的,并不公开。至于诺贝尔的情人与数学家莱弗勒是否有奸情,那更是隐私。

王国维曾说过:断有易,断无难。意思是说有容易,有半个就是有;可是说没有则太困难了,要绝对没有才成立。假如有半个,说没有就被推翻了。因此在学界有一个不成文的规定,就是“断有不断无”。

如果诺贝尔的书信或日记中提到情人，就可以认为诺贝尔是有情人的。但若把诺贝尔的书信或日记全部检查完了，没提到情人，也不能断定没有情人。因为没有提及并不表示不存在。

幸好，要推翻这种谣言，我们只要否定三点中的任何一点即可，并不需要三点都否定。下面我们就讨论：如果设立数学奖，莱弗勒是不是最有可能获奖？

莱弗勒是谁，他解决了数学中的什么问题，我估计很多人都不知道，以致大家在传这个故事的时候常常以“一个数学家”代替。

按维基百科所述，莱弗勒全名为 Gösta Mittag-Leffler (1846—1927)，他是瑞典数学家，主要贡献是在函数论方面的。莱弗勒非常尊重妇女权利，作为 1903 年诺贝尔奖委员会的成员，他的干预使得委员会让步，最终颁奖给居里夫人和她的丈夫皮埃尔。

如果要列举 20 世纪初的数学家，我想下面这些名字大家更熟悉一些：希尔伯特、庞加莱、康托尔、克莱因、弗雷格……

你认为莱弗勒能胜过这些人物吗？所以说诺贝尔因私怨而不设置数学奖是站不住脚的。最有可能的情况是诺贝尔没有认识到数学的重要性。

我们现在将数学、物理、化学三者并称，但事实上三者的发展历史和相互关系相差很远。

17 世纪以前，化学基本上没什么大的成果，长期处在炼金术的水平。直到 1773 年，拉瓦锡提出质量守恒定律，并以氧化还原反应解释燃烧现象，推翻了盛行于中世纪的“燃素说”，才开启了现代化学之路。拉瓦锡因此被尊崇为“化学之父”。

而在此之前，数学与物理已经有上千年的历史，而且这两个学科一开始就联系紧密，所以很多人既是数学家又是物理学家，譬如阿基米德、牛顿、欧拉、伯努利等。但同时在数学和化学两个领域做出重大贡献的人则较少,不信你可以去找找看。

诺贝尔是一位天才发明家,他的发明更多来自敏锐的直觉和非凡的创造力,而不需要借助任何高等数学,其数学知识可能还没超出小学的四则运算。这是时代决定的,19世纪的化学研究基本上不需要高等数学。进入20世纪之后,数学在化学中的应用越来越广,但诺贝尔已经看不到了。

作为发明家和实业家,诺贝尔不设立数学奖,是因为他对数学不太感兴趣,了解得也很少,认为数学是纯理论科学,不能直接从中获益。想想数学大师哈代都曾错误地判断"数论是没有实际用途的",那么诺贝尔看轻数学也就完全可以理解了。

我们可以做一点假想。诺贝尔在写遗嘱的时候,也许会想起自己的亲人被炸死的情景,甚至会想到炸药用于战争使很多人丧失了生命。此时他心里应该充满仁爱,渴望世界和平。因此特别设置了和平奖,与其他4个奖项不同,和平并不是一个学科。他去世时已经63岁了,就算年轻时有什么恩怨,此时也会放下。诺贝尔奖是一项传世之作,他不会给自己抹黑。

至于会出现数学家拐走诺贝尔情人的传闻,是因为人们对自己不了解的事情会好奇,而好奇心常常会引出八卦故事。

数学大师陈省身先生有一次接受记者采访时说,诺贝尔奖中没有设立数学奖也许是件好事,它让数学家们能够不为名利所惑,更加专心致志地进行自己的研究工作。

数学没有诺贝尔奖,但有另外一些奖项,如菲尔兹奖、沃尔夫奖。陈省身先生曾获得沃尔夫奖,而他的弟子丘成桐先生更猛,两个奖都拿了。

4.20 电车难题的数学解答

电车难题是伦理学领域著名的思想实验之一，其内容大致如下：

一个疯子把5个无辜的人绑在电车轨道上。一辆失控的电车朝他们驶来，并且片刻后就要碾压到他们。幸运的是，你可以拉一个拉杆，让电车开到另一条轨道上。然而问题在于，那个疯子在另一个电车轨道上也绑了一个人。考虑以上状况，你是否会拉杆？

有人选择拉杆，认为应该顾全大局，考虑多数人的利益。

有人不选择拉杆，认为另一轨道上的那个人本来是安全的，其他人没有权利决定他的生死。如果不拉杆，则死5个人不是我的责任；而如果拉杆，即使只死一人，也是我造成的。

一些调查结果表明，大多数人选择拉杆。

但当调查者继续追问：如果另一轨道上的那个人是你的亲人呢？或者是某个能解决世界难题的科学家呢？此时，情况立刻变化，相当多的人选择不拉杆。

原来这些人选择拉杆，是作了简单的大小比较（$5>1$），也就是默认每个人的生命价值是一样的。后来情况反转，则是作了一个加权比较（$5\times m<1\times M$），对不同人的生命价值赋予不同权值。

电车难题绝不仅仅是思想实验，现实中也会遇到类似问题。譬如，飞行员发现飞机即将坠机，他必须决定，要不要躲开一个人口密集的区域，让飞机撞进一个人口稀少的地方。

2009年，湖北省长江大学三名大学生为救两名落水少年不幸英勇牺牲。网友热议：应不应该救？三个大学生换两个少年究竟值不值?

从数学角度谈“值”,多指可量化的数值,不考虑难以量化的道德因素。

我们常听到一些赌博的人后悔:今天要是不打麻将就好了,手气太臭了。可问题是,之前这人还觉得今天手气不错,才去摸几把。赢了就觉得应该去赌,输了就觉得不应该去赌。这是马后炮,谁能预知未来呢?

假设有人落水,你不救,他会死,则损失为1;如果你去救,两人都活的概率为70%,一死一活的概率为20%,两人都死的概率为10%,那么最可能的损失的数学期望值是$0.7\times 0+0.2\times 1+0.1\times 1=0.3$。救人的损失较少,应该去救。

生命面前人人平等,这是理想状态下的公平。现实中却未必如此。

经常有媒体报道,当看到自己的亲人遇险时,有些人表现出惊人的潜力,连他们自己都觉得不可思议,只考虑到不能失去亲人,甚至愿意以命换命。这是根据亲缘关系给某些人赋予很高的权值。

《史记》中有一句民谚:千金之子,坐不垂堂。字面意思是家中积累千金的富人,坐卧不靠近屋檐处,怕被坠瓦砸中。引申为“身份尊贵,不轻易涉险”。这是根据经济状况给某些人赋予很高的权值。

所以我们对救人者和被救者赋予不同的权值也是符合实际的。

数学大师笛卡儿认为:一切问题都可以转化为数学问题,接下来只要计算就好了。现实问题转化为数学模型时,很多因素不好确定,譬如风险、权重等。

因此,三名大学生为救两名落水少年而牺牲,在条件不足的情况下难以判定值不值。三个大学生如果不死,可能会对社会做出很大贡献,而两个落水少年也可能一事无成。对于两名落水少年而言,他们应该更加努力,不断使自身增值,成为对社会有贡献的人,使得救人者的牺牲更"值"。

4.21 断了一小截的粉笔还能算一根粉笔吗?

一位小学数学老师问起:断了一小截的粉笔还能算一根粉笔吗?

我很好奇,在什么样的语境下会问这个问题。按照数学思维,首先要明确定义,有了定义,确定了评判标准,才好下结论。

譬如问"是先有汽车还是先有汽车轮子",那我们要搞清楚"先"的具体含义。如果是指时间上的"先",那么肯定先有汽车轮子,只有把汽车的各部分造好,才能组装成一部汽车。但如果是指概念上的"先",那么肯定先有汽车,因为"汽车轮子"这个概念是依附于"汽车"概念存在的。"皮之不存,毛将焉附?"之前所造的轮子可能是拖拉机轮子呢。

类比可知,我们要先搞清楚什么是"一根粉笔"。由语文知识和常识可知,"根"作为量词,其后面接的是长条形的东西,譬如一根筷子。断了一小截的粉笔仍属于长条形,所以还能算是一根粉笔。

假设我们利用某种切割技术将一根粉笔均匀切成100等份,那么每一份都不能称为一根粉笔,只能称为一截粉笔,可能用"片"这个量词更妥帖。也就是说,能不能算是一根粉笔,是与粉笔的形状有关。

网上有观点认为:断了一小截的粉笔在数数时也算一根。这是因为在数数时主要考虑的是对象的个数,而不考虑具体对象的大小和形状。教学的目的不是简单地让学生学会数、认、读数字，还要告诉学生数数时不必看物体的颜色、形状、大小、位置。

而我则认为，能否算一根粉笔，与粉笔形状有关。又如两群人汇集在一起，随着位置的改变，只能称之为一群人。计数与位置也有关。

另有网友认为：断了一小截的粉笔在数数时也算一根。这是因为用此粉笔的某些部分就可以代替这根粉笔参与计数。譬如，人群中，只要看见一个或半个头，就可以按数量1计数。

对此，我认为，一个人如果断了腿，还能称为人；如果是断了头，恐怕只能称为死人。这时候的断头能称之为一个人吗？

一根粉笔断为两截，如果一截极长，一截极短，则长的部分可称为一根粉笔，而短的部分则不能再称为一根粉笔；如果两截差不多长，都是长条形，则可以认为是两根粉笔。

回到最初的提问："断了一小截的粉笔还能算一根粉笔吗？"其实，提问者心中已经默认不将那截短的看作一根粉笔了，只考虑长的部分。一长一短两截粉笔，除了形状差别，其余都一样。这说明在判定是否算一根粉笔的时候，提问者已经考虑了粉笔的长短。

4.22 大智慧、小聪明和老实人

武侠小说家古龙先生曾说：世上有大智慧的人少，笨笨的老实人也少，大多数是些有小聪明的人。而想成就大事业，要不有大智慧，能彻底看透；要不就做个老实人，一步一个脚印，扎扎实实。如果自认为有些小聪明，遇到困难就想避开，总想走捷径，是难成大事业的，毕竟要经历过一些苦难才能成长。

现在的城市规划很规范。就拿一些小区来说，一栋栋楼房都很规整地排列，通道也是平行的，就像长方形的边界。这有个好处，我们只要认准大致方向，就能到达目的地。

下图中的线段表示行走的通道，而我们要从 A 走到 C，就有很多种路线。当然，在正常情况下，我们希望较快地到达。

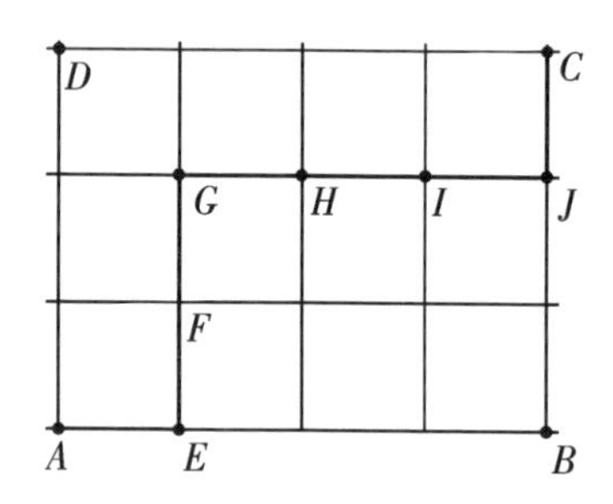

有些老实人脑子不拐弯，选择的是最简单的走法，即从 A 走到 B，然后走向 C。聪明的人遇到一个路口就会考虑是不是有捷径。但这样的考虑会耽误一些时间，影响进程。而有大智慧的人一看就知道，不管你怎么走，你都要往东走 4 个单位，往北走 3 个单位，不可能再省事。

据说下面这道趣题曾难倒不少聪明人。

巧克力大家都吃过。一块长条形的巧克力分为很多小块，可看作 $m\times n$ 的方格块。假设某人希望将这块巧克力掰成一小块一小块，他想保持小块的完整性，所以每次只拿一块巧克力来掰开，而不是把几块巧克力重叠在一起来掰。那么这个人要掰多少次呢？

老实人一听完题，已经在动手掰了，笨鸟先飞嘛！要聪明的人则会想，最初是一块，要想掰成 $m\times n$ 块，怎么做才最省事呢？可能老实人已经掰完了，聪明人还没想出来。而有大智慧的人则会想到，不管你怎么做，是横着掰还是竖着掰，每掰一次，都只能使块数增加 1，要想掰成 $m\times n$ 块，就必须掰 $mn-1$ 次。没啥巧办法,老老实实动手才是上策。

有人说:在前进的道路上,我们不能只顾着低头赶路,更要抬头看路。可问题是,在很多情况下没有捷径可走。

4.23 定义要清楚

年轻人不小心将酒店的地毯烧了三个小洞。退房时服务员说,根据酒店的规定,每个洞要赔偿100元。

年轻人:"确定是一个洞100元吗?"

服务员:"是。"

于是年轻人点燃烟头将三个小洞烧成一大洞。

什么是"一个洞"?定义不清。存在漏洞就难免被人钻空子,有些漏洞则是致命的。

法医鉴定伤残级别,可不能这么马虎,简单地数个数。譬如一处伤口定为几级伤残,两处伤口定为几级伤残……受伤部位、伤口轻重决定了对人体伤害的程度。如果简单地数伤口个数,难免有人会像故事中的年轻人那样。原本是两个极小的伤口,他用刀把中间连起来做成一个大伤口。这就害人了!

屠呦呦得了诺贝尔奖,她自称从古籍《肘后备急方》中"青蒿一握,以水二升渍,绞取汁,尽服之"受到了启发。古代中医属于经验科学。"一握"是多少?人的手掌有大有小。后来中医也知道要称重了,算是把"剂量"定义清楚了。

中医煎药也有讲究,譬如"温度适中""文火煎药"。温度适中如何把握?文火,俗称小火或慢火,原因是火力较弱,能使煎锅内外温度上升缓慢,防止药气快速蒸发。但这个文火把握起来也有难度。

一位国王问:"王宫前面的水池里共有几杯水?"

"要看是什么样的杯子,"小学生不假思索地应声而答,"如果杯子和水池一般大,那就是一杯;如果杯子只有水池的一半大,那就是两杯;如果杯子只有水池的三分之一大,那就是三杯……"

"你说得完全对!"国王说完,奖励了小学生。

水池里的水是一个定值,需要几杯取决于杯子的容量。如果对杯子容量不定义清楚,就会得出不同的结论。

数学中的定义都是比较清楚的,但有时也需要注意,譬如通常说向量是既有大小又有方向的量。

这是直观的描述,不是数学上的定义,因为"既有大小又有方向"是自然语言,不是数学语言。从这样的描述出发,不能进行严谨的推理。在中学数学课程中讲向量,只是一条一条地交代操作方法,而不在数学上定义向量。

向量的平行四边形法则是如此重要,以至于有人提议向量应该如下定义:既有大小又有方向且满足平行四边形法则的量称为向量。理由是:数学中给出一个定义之后,一定能够推导出被定义对象的种种性质。例如,由平行四边形的定义——有两组对边分别平行的四边形,可推出两组对边分别相等、对角线互相平分等性质。如果仅仅以"有大小和方向的量就是向量"作为向量的定义,如何能够推导出平行四边形法则?

譬如电流,有大小有方向,但不满足平行四边形法则,一般不看作向量。

一个人掉一根头发,不算秃子,再掉一根,也不算秃子……如果头发总是这样掉下去,啥时算是秃子呢?难道头发掉光了才算秃子?那么这个人是什么时候变成秃子的呢?这就是数学中的经典悖论。

秃子悖论常常用概率解释。掉头发较少,被称为秃子的概率也就小。掉头发较多,被称为秃子的概率也就大。

所以,定义“秃子”不是件容易的事情。

朋友之间见面,常常问:“你最近过得好不好?”

“好不好”就很难定义。每个人可以给出自己的定义。

譬如某人在一所重点中学教书,朋友们觉得他很不错。但他本人却不这么认为。他苦恼很多:领导不重视,学生不听话,编制解决不了,文章发表不出去。

按照他自己的定义:领导重视,学生听话,编制解决了,文章发表了,才算是过得好。

与之相反,某人的工作单位不景气,收入也低,朋友们觉得他过得不好。但他自己觉得很满意。毕竟“我的生活我做主”。

武侠小说里有一个常见的桥段,就是主人公掉进山洞,得到了秘籍,出来之后就少有敌手了。

而我认为,秘籍常有,山洞不常有。

一本好书是一位作者多年思考的结晶,是他成功的秘诀所在,完全可以称为秘籍。但读者是否认真看了呢?

如果读者不能静下心来坐冷板凳,认认真真研究这些秘籍,那么这些秘籍和废纸毫无区别。

不好的处境就可以看作一个山洞。如果你觉得现在处境不好,你就可以假设自己掉进了一个山洞里。就好比温水里的青蛙,觉得水温越来越高,越来越受不了,那就积蓄能量,奋力跳出去吧!

4.24 不要盲信盲从

有人说爱因斯坦的数学不好,这是造谣;很多文章说爱因斯坦读不懂微积分,物理公式推导不下去,又跑回去学习微积分,也是扯淡。事实上,爱因斯坦的数学不差,爱因斯坦中学时候就学习微积分了。

以“数学考试不及格的数学家——埃尔米特”为主题的文章大同小异,我至少看到10本杂志刊登过。埃尔米特就读的高中是法国的顶尖高中,基本是X的预科学校,数学教学水平应该非常超前。他只花了一年时间准备X的竞考并成功(1842年),说明他的数学功底非常了得,因为X在法国的竞考中以难出名,万里挑一。如果他在准备的过程中挂过几次模拟考,那倒正是X的风格。埃尔米特竞考的名次不出众(第68名),但是被录取已经非常厉害了。

我再举个例子:

某数学家去宾馆看朋友,朋友被杀,手里拿个苹果饼,于是数学家就说314房的房客是凶手。

如果这个苹果饼是死者事先就拿在手里的,那么就和谁杀他毫无关系。

如果苹果饼是死者事后拿在手里的,那他干吗不直接写上那个凶手的名字?还拐那么大弯。

编故事的人无非就是想利用“π读作pi”这个梗。还不如编一个脑筋急转弯:

假如一个饼的半径为z,厚度为a,请问这是哪一种饼?

$\pi \times zza = \text{pizza}$。

4.25 窃书也是偷

遇到这样一道数学题:

某书店的书被偷窃$\frac{1}{4}$,被员工拿回家$\frac{1}{5}$。剩下的书全部售出,结果这家书店还获利10%。请问这家书店的书是以进价的几倍售出的?

题目不难,也就是小学生水平。

这让人想起孔乙己的名言:

窃书不算偷。

"窃"与"偷"不过是对同一实质的两种不同表述罢了。

书店是我常去的地方。大学的时候,我若不在寝室或图书馆里看书,那必定徘徊在书店里或书摊上。

前些年全国各地都可看到盗版书店。据说他们进书是论斤称的,卖出则是按本的,每本的价钱按书的厚薄来算,大多是10元一本。20元一本的,必定是《××全集》之类的大部头了。

我曾思考过一个问题:一家不小的书店,常常只有一两个人看守,负责给客人找书、收钱。在人流高峰时段,几十人拥挤在书店里,要是有人趁机浑水摸鱼,估计老板也看不过来啊。为什么他不多招聘几个人呢?

后来我想明白了,雇人需要成本,就算每天只支付30元工资,那老板也觉得不划算。每本书售价10元,可能成本只需5元,一天总不至于丢6本书吧?

人有时会有些邪恶的念头,所以古人提到修身时才特别注重自省。

我就有过偷书的念头。

上大学的时候,我看到图书馆的珍藏版,就想据为己有。我也想过以丢失为名来获取图书馆的书,因为有些老版书标价很低,按规定赔偿10倍我也愿意。

但我一直没有付出行动。一方面是因为自己胆子太小;另一方面是因为我对书有种莫名的崇拜,觉得它们是有灵性的。

我对自己说:“如果我真的偷书了,那我这个人就废了,就算把图书馆里的书读完都没用了。”

于是,我总是在不断地买书。为了买书,不吃饭的时候也是有的。谁叫我是个书痴呢!

4.26 金币和银币:概率问题的其他视角

一位王子向智慧公主求婚。公主为了考验王子的智慧,就让仆人端来两个盒子,其中一个装着十枚金币,另一个装着十枚同样大小的银币。仆人把王子的眼睛蒙上,并把两个盒子的位置随意调换,请王子任选一个,从里面挑出一枚硬币。如果选的是金币,公主就嫁给他;如果选的是银币,那么王子就再也没有机会了。王子听了,说:“能不能在蒙上眼睛之前,任意调换盒子里的硬币组合呢?”公主同意了。请问:王子该怎样调换硬币才能更有把握娶到公主呢?

这个问题原本想考查概率知识。参考答案是:在其中一个盒子里放1枚金币,在另一个盒子里放9枚金币、10枚银币,那么摸到金币的概率就是$\frac{1}{2}+\frac{1}{2}\times\frac{9}{19}=\frac{14}{19}$,远大于原来的一半机会了。

我第一感觉就是:这个题有问题,为什么要用20个币呢?用一个币猜正反面不是更省事。后来又想,可能是公主想给王子机会,故意留下破绽。

这个问题可以在生活中找到实际背景。小学时全县统考,有些老师为了班上学生成绩考得好些,就把成绩好的与差的同学交叉排位置,并嘱咐同学们要互相帮助。

这也让人想起一句老话:“真金不怕火炼。”真有本事,既可以参与团队作战，又可以独当一面，不至于像南郭先生那样害怕露馅，只能逃跑了。

不过这道题若出现在物理试卷上，是会被人笑话的。因为金的密度比银的密度大很多，通俗地说金币比银币重，所以根本不需要调换硬币组合，掂量一下盒子的分量就好了。

因此抛硬币猜正反还是比较公平可靠的方式。出题人想创新，结果却留下很大的漏洞，这说明学科交叉的重要性。

当然，如果你认为那个公主是物理专业的，本来想的答案就是这样，结果遇上个学数学的……

4.27 吐槽鸡蛋题

网上流行这道题：

有一筐鸡蛋，1 个 1 个拿正好拿完，2 个 2 个拿还剩 1 个，3 个 3 个拿正好拿完，4 个 4 个拿还剩 1 个，5 个 5 个拿还剩 4 个，6 个 6 个拿还剩 3 个，7 个 7 个拿还剩 5 个，8 个 8 个拿还剩 1 个，9 个 9 个拿正好拿完。问筐里至少有多少鸡蛋？

此问题属于《孙子算经》中的“物不知数题”类型。原型是：

今有物不知其数，三三数之剩二，五五数之剩三，七七数之剩二。问物几何？

类似问题在各种资料上都有介绍。

相对于经典原型，改编的问题显得十分臃肿。

“1 个 1 个拿正好拿完”明显多余。鸡蛋的个数一定是整数，难道还有 1 个 1 个拿，拿不完的吗？

“2 个 2 个拿还剩 1 个”、“4 个 4 个拿还剩 1 个”和“8 个 8 个拿还剩1个”都说明结果是奇数，但这三个条件要求各有强弱，最强的是“8个8个拿还剩1个”，可写为$8k+1$，那肯定也可写成$4\times(2k)+1$或$2\times(4k)+1$，故仅依据“8个8个拿还剩1个”即可。

“3个3个拿正好拿完”、“6个6个拿还剩3个”和“9个9个拿正好拿完”，分别可写作$3a$、$3(2b+1)$、$3\times3c$，故所取交集应该是9的奇数倍。

根据“8个8个拿还剩1个”和“9个9个拿正好拿完”可判断结果为$9+72k$。考虑“7个7个拿还剩5个”，即$4+2k$要是7的倍数，显然$k=1,2,3,4$都不符合题意，k至少等于5。

由上述分析得结果至少是$9+72\times5=369$。将这一结果代入其他条件（那些冗余的条件可以无视），发现369符合所有条件。

369是符合条件的特解，通解可写作$369+5\times7\times8\times9k=369+2520k$。

我猜测出题人事先想了一个结果369，然后依次用1～9去除分别得到余数，然后编了此题，根本没想这些条件是否冗余。

4.28 用数学眼光看停车费政策

某市实行停车费新政：核心区干道停车费涨至20元/时，停满一天最高收费244元。在景区、医院等交通流量较大的地方或节假日、交通拥堵的情况下，停车费还可能上浮15%～50%。有市民表示：违停一次罚款50元，贴单一次也才罚款100元，沿街停一天就得200多元，这不是鼓励大家违章停车吗？

为什么大家宁可吃罚单，也不愿交停车费呢？

很简单的道理。同样的商品在超市A卖244元，在超市B卖100元，大家肯定选择去超市B购买。停车交费相当于临时购买了一块地的使用权，消费者当然希望越便宜越好。如果老实人遵纪守法，在指定地区停车花费了 244 元，而另一个人乱停乱放，就算开了罚单，罚款只要比 244 元少，那么以后都会有更多的人乱停乱放。

一方面，交罚款更划算；另一方面，不见得总被交警抓住。有些人必然存在侥幸心理。而从数学上来看，这就是一个概率问题了。如果乱停放两次才被罚款一次，这样相当于一次罚款 100 元变为每次罚款 50 元。那么 50 元相对于 244 元而言就更便宜了。

围棋有黑子、白子。你随手抓两颗棋子，它们恰好都是白子，可以说“真巧”；若它们恰好都是黑子，也可以说“真巧”。“两颗棋子的颜色相同”这件事具有偶然性。但是，如果你抓 3 颗棋子，则其中必有 2 颗棋子的颜色相同。这时偶然的事件就变成必然的了。

这就是著名的抽屉原理：

若有 n 个笼子和 $n+1$ 只鸽子，所有的鸽子都被关在鸽笼里，那么一定有 1 个笼子里至少有 2 只鸽子。

4.29 推翻费马大定理

英国数学家怀尔斯证明了费马大定理，为此他已经拿奖拿到手软。

1995 年，获瑞典皇家学会肖克奖；

1996 年，当选美国国家科学院外籍院士，并获该科学院数学奖；

1996 年，获欧洲的奥斯特洛夫斯基奖和瑞典科学院肖克奖、法国费马奖；

1996 年，获沃尔夫奖；

1997 年，获美国数学会科尔奖；

1997 年，获 1908 年沃尔夫斯科尔为解决费马猜想而设置的 10 万马克奖金；

1998 年，获菲尔兹奖特别奖。获颁特别奖而不是菲尔兹奖的原因是他当年已经超过 40 岁；

2005 年，获邵逸夫数学科学奖。

2016 年 3 月 15 日，挪威阿贝尔数学奖官网发布消息：2016 年阿贝尔数学奖授予怀尔斯。

怀尔斯又得奖了，有人表示不服，其实一直都有人在抗议。

质疑怀尔斯的一种观点是：怀尔斯关于费马大定理的证明非常复杂，证明过程写了 100 多页，而且还选用了许多最新数学概念，不可能是费马当年所想到的证明。费马曾在其批注的书页上留下如此字样："我已发现关于此命题的一个真正奇妙的证明，但是这页边空白太少，写不下这个证明。"

这种观点是站不住脚的，因为这顶多能说明怀尔斯的证明比费马当初的证明复杂，在费马的证明不知所终的情况下，怀尔斯的证明是唯一的证明，哪怕他是复杂的。

在众多质疑者中，蒋春暄算是影响较大、争议较多的一位。

蒋春暄 1936 年出生于湖南省衡南县。他大学学的是工科，但十分喜爱数学。他自称发现了一些新数学工具，顺手证明了费马大定理、哥德巴赫猜想，并用这种方法研究物理、化学和生物学等学科。

1992 年，蒋春暄发表费马大定理证明，才用 4 页纸，自称就像证明勾股定理一样简单。这比怀尔斯的证明还要早几年。不过蒋春暄的证明一直没有得到国内和世界权威数学科研机构的认可，只有少数期刊愿意刊发他的论文。

2009 年，蒋春暄荣获欧洲"特勒肖-伽利略科学院 2009 年度金奖”,颁奖理由主要是其对费马大定理证明的贡献。他在颁奖感言中有这样一句话:“说我是大数学家没有必要,说我是垃圾也可以。给我一个证明吧!”

下面还有一位不服的。[①]

自从初中时学习了勾股定理,我就立志推翻费马大定理。

费马认为:当 $n>2$ 时,$x^n+y^n=z^n$ 无正整数解。

我才不信呢!既然 $n=2$ 时,$x^n+y^n=z^n$ 有无数解,我就不信 $n>2$ 时一组解都找不到。

有人劝我先去看懂怀尔斯的论文再说。我才不去看呢,100多页,又臭又长!

我有一位师兄,他的观点和我一样。

他研究了几十年,终于有一天破门出关。

他登上讲坛的那一天,我去看了。

他本来想将第一站选在科学院,但科学院认为论文还在审阅中,暂不宜公开宣讲。

于是他选在一所中学——一所出了十多位院士的名校。

他很和蔼地开始了他的报告:“我现在找到了3个数,使得 $56^n+91^n=121^n$,大家知道 n 等于多少吗?你们肯定不知道啦,应该是……”

这时一个中学生站起来说:“n 等于多少都不对。7能整除56和91,但不能整除121。”

师兄一听,两眼发直。

我在一旁,也发现师兄的反例有问题,56^n+91^n 的个位数肯定是 $6+1=7$,121^n 的个位数肯定是1,怎么可能相等呢!

师兄的失败给我很大的教训,大数据时代一定要使用计算机。经过反复实验,我终于找到了。

---

① 下文为虚构情节。

在哪跌倒，就要在哪爬起。我还是选择了师兄开讲座的那一所中学。

我不像师兄那样卖关子，直接给出了答案：$1782^{12}+1841^{12}=1922^{12}$。

好几个同学看到这么大的数字，马上拿出计算器。其中有一个同学动作最快，他很兴奋地站了起来："左边除以右边，真的等于 1.00000。"

$$\frac{1782^{12}+1841^{12}}{1922^{12}}=1.00000$$

他的这种兴奋是我预料之中的事情。

这时，一个中学生站起来。

我感到一丝恐惧。他就是上次指出师兄错误的那个学生。虽然我的答案经过多台计算机的检验，但我还是有一点担心。

这个中学生说："上次有个人来开讲座也想推翻费马大定理，那人是你师兄吧？"

"天哪，这你也知道！"

中学生说："其实是你们自己暴露了，你们犯了同样的错误。2 能整除 1782^{12} 和 1922^{12}，却不能整除 1841^{12}。"

他讲得好有道理，我竟无言以对。

真相却是：

$$\frac{1782^{12}+1841^{12}}{1922^{12}}=0.99999999724$$

别小看这组解——$1782^{12}+1841^{12}=1922^{12}$，能找这么高精度的近似解也是很不容易的，不信你试试！

4.30 好有趣的老头，好奇怪的数学发现[①]

很多人以为我一心只想做一个科普作家，其实我一直没有放弃做数学家的梦想。

我有很多奇怪而大胆的想法。譬如我曾想过，既然[0,1]的点和[0,2]的点可一一对应，那么类比可得一个球上的点和两个同样大的球上的点也可以一一对应。这是不是意味着一个球可能通过某种方式分解，再通过某种方式组合成两个半径和原来相同的球。

我很佩服自己，居然能有这么天才的想法。我也曾尝试和人分享，却总被人看成是神经病。有人笑话我："若真如你所想，那么1块金子可变成2块金子，2块变4块，4块变8块……多么快速的致富捷径！你比那个捡到鸡蛋就想到娶小老婆的人，想法还要奇特……"

被嘲笑多次之后，我开始怀疑人生。直到有一天，我遇到一位老人。

老人去图书馆的次数应该不比我少，因为我每次经过外文数学书架都会看到他。这个书架上摆的大多是俄文书，也夹杂着日文书、法文书。这些语种的数学著作，很少有人能看懂，所以我格外关注这老人。

有一天，我正在看书。老人跑来问我借草稿纸，说是突然来了灵感，一个想了多年的世界难题有了眉目。他急匆匆地写个不停，一连写了三张纸。

写完后，他和我说："年轻人，做学问一定要脑子里装着问题，

---

① 下文为虚构情节。

时时刻刻想，终有一天会突破。”

我说：“我心里也装着问题呢。”于是我便把那个被人嘲笑的想法告诉了他。

他听了，笑着和我说：“越被人嘲笑的梦想，越有实现的价值。你这个想法很好，没问题。不过以你目前的基础，需要看更多的资料。”说着他从书架上拿了一本泛黄的书 *Théorie des Opérations Linéaires*，作者是 S. Banach。

他问：“你外文咋样？”

我说：“听不懂，说不出，不会写，看还勉强，能猜一下。这个书讲线性算子理论，作者是巴拿赫。”

他说：“年轻人还不错嘛！一个球变两个球，很多人认为这是无中生有，怎么可能呢！事实上，数学里有很多不可能的事情，后来被证明是可能的。譬如下面这个图，我将左边图形重组变成右边图形，凭空就多出一块来。这有什么不可能呢？”

我看着这图，想了半天，看不出破绽，不得不暗叹：“姜还是老的辣！”

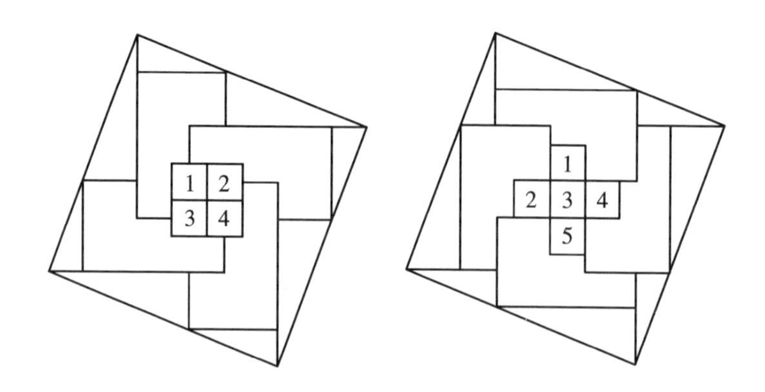